Erhardt D. Stiebner
Heribert Zahn
Hubert Blana

Drucktechnik heute

Ein Leitfaden

Bruckmann

Herausgegeben in Zusammenarbeit mit

novum
gebrauchsgraphik

Internationale Monatszeitschrift für
Kommunikationsdesign

Motive auf der Einbandseite (von links nach rechts):
Bildkontrolle am Echtfarbenbildschirm (Foto: Detlef Heisig, München);
Entwicklungsmaschine für kopierte Offsetdruckplatten (Foto: Detlef
Heisig, München); Tiefdruckrotation (Foto: Werkfoto Bruckmann);
Sammelhefter (Foto: Müller Martini).

Die Zwischentitel wurden dem *Ständebuch* von Jost Amman mit
Reimen von Hans Sachs entnommen, das 1568 erstmals erschienen ist.

Die Deutsche Bibliothek – CIP-Einheitsaufnahme

Stiebner, Erhardt D.:
Drucktechnik heute : ein Leitfaden / Erhardt D. Stiebner ;
Heribert Zahn ; Hubert Blana. [Hrsg. in Zusammenarbeit mit
Novum Gebrauchsgraphik, internationale Monatszeitschrift für
Kommunikationsdesign]. – 2., vollst. überarb. und erw. Aufl. –
München : Bruckmann, 1994
(Novum press)
ISBN 3-7654-2652-0
NE: Zahn, Heribert: ; Blana, Hubert:

2., vollständig überarbeitete und erweiterte Auflage 1994

© 1985 F. Bruckmann KG, München
Alle Rechte vorbehalten
Gesamtherstellung: Bruckmann, München
Druck: Gerber + Bruckmann, München
Printed in Germany
ISBN 3-7654-2652-0

Inhalt

9 Vorwort

11 Schrift und Typografie

12 Schrift
Schriftstil 12 – Schriftgröße 16 – Schriftart 18 – Linien und Schmuck 21

22 Typografie
Anwendung der Schrift 22 – Auszeichnung 24 – Überschriften 24 – Zeilenanordnung 25 – Ausgleichen 26 – Satzspiegel 26 – Bilder 27 – Seitenaufbau 28 – Gestaltungsraster 29

31 Texterfassung – Textverarbeitung – Satzherstellung

34 Text- und Bilderfassung
Manuskriptanforderungen 34 – Bildmanuskript 36 – Schreibmaschinenmanuskript 37 – Elektronisches Manuskript 37

40 Text- und Bildeingabe
Lesemaschinen 40 – Datenübernahme 41 – Datenfernübertragung (DFÜ) 41 – Datenbank 42 – Scanner 42

43 Textverarbeitung
Desktop Publishing 43 – Hardware 43 – Betriebssystem 44 – Textprogramme 44 – Grafikprogramme 46 – Bildbearbeitungsprogramme 49 – Layoutprogramme 52

53 Satz- und Bildbelichtung
Seitenbeschreibungssprache 53 – Laserdrucker 54 – Laserstrahlbelichter 54 – Direct-Verfahren 57 – Plotter 57 – Tintenstrahldrucker 58

59 Computer Publishing
CD-ROM 59 – Printing on Demand 59

61 Datenspeicherung

63 Reproduktion und Bildverarbeitung

64 Vorlagen
Volltonbilder 64 – Halbtonbilder 65

69 Arbeitsvorbereitung zur Reproduktion
Layout 69 – Vermaßen 71 – Retuschen und Bildveränderungen 73 – Rasterreproduktion 73 – Kontaktraster 74 – Distanzraster 76 – Moiré 76 – Effektraster 77 – Rasterweiten 77 – Gradation 80

81 Farbreproduktion
Farbenlehre 83 – Farbtemperatur 85 – Unbuntaufbau 86 – Rasterwinkelung 87 – Farbkorrektur 87 – Farbauszug 89 – Densitometer 90

91 Reproduktionsfotografie
Reproduktionskamera 91 – Kontaktkopiergerät 92

92 Filmmaterial
Der fotografische Film 92 – Lichtempfindlichkeit 92 – Farbempfindlichkeit 93 – Entwickeln 93

94 Scantechnik
Rotationsscanner 94 – Korrekturstation 99

100 Elektronische Bildverarbeitung
Bildbearbeitung 104 – Seitenmontage 104

104 Farbprüfverfahren
Andruck 104 – Proof-Verfahren 107

111 Druckverfahren und Druckveredelung

113 Druckvorbereitung

**118 Hochdruck
(Buchdruck)**
Prinzip des Hochdrucks 118 – Anwendung des Hochdrucks 118 – Druckformenherstellung 120 – Druckmaschinen 120

**122 Hochdruck-
Sonderverfahren**
Linierdruck 122 – Flexodruck 123 – Indirekter Hochdruck 123

124 Flachdruck (Offsetdruck)
Prinzip des Flachdrucks 124 – Anwendung des Flachdrucks 125 – Druckformenherstellung 125 – Druckplatten 128 – Einrichten der Druckmaschinen 130 – Plattenwechsel 131 – Drucküberwachung 132 – Bogenoffsetmaschinen 134 – Druckformenarchivierung 137

138 Rollenoffsetdruck
Rollenoffsetmaschinen 138 – Print-Roll-Technik 142 – Papierrollenwechsel 142 – Endlosdruck 144

145 Lichtdruck

146 Tiefdruck
Prinzip des Tiefdrucks 146 – Anwendung des Tiefdrucks 148 – Druckformenvorbereitung 148 – Zylindergravur 148 – Rollenrotationsmaschinen 150 – Bogentiefdruckmaschinen 153 – Sonderverfahren im Tiefdruck 153

154 Siebdruck
Prinzip des Siebdrucks 154 – Anwendung des Siebdrucks 155 – Druckformenherstellung 155 – Druckmaschinen 157

158 Holografie

159 Druckveredelung

162 Druckfarben

165 Druckweiterverarbeitung

166 Falzung

168 Zusammentragung

170 Heftung
Rückenheftung 170 – Klebebindung 171 – Fadenheftung 173 – Ring- und Spiralbindungen 174

175 Bindung
Broschur 175 – Englische Broschur 176 – Deckenband 176

178 Verpackung
Geläufige Abkürzungen 179

181 Bedruckstoff Papier

183 Faserstoffe
Holzschliff 184 – Zellstoff 185 – Altpapier 185 – Hadern und
Lumpen 186

186 Papierherstellung
Stoffaufbereitung 186 – Herstellung der Papierbahn 187 –
Laufrichtung 190 – Papierveredelung 190

192 Gebräuchliche Druckpapiere
Werkdruckpapier 192 – Bilderdruckpapier 192 – Zeitungs- und
Zeitschriftenpapier 192 – Offset- und Tiefdruckpapier 192 –
Dünndruckpapier 192 – Spezialpapier 192

193 Papiermaße

194 Karton und Pappe

195 Alterungsbeständigkeit

196 Anhang

196 Berufsstände – Ausbildung – Forschung

202 Literaturverzeichnis

203 Abbildungsnachweis

204 Register

Vorwort

»Drucktechnik heute« will eine umfassende Information über den heutigen Stand der Drucktechnik sein. Die Autoren haben versucht, die wichtigsten Begriffe und Zusammenhänge kompetent und verständlich auch für jene darzustellen, die vielleicht nur am Rande, aber nicht weniger interessiert, damit zu tun haben. Dies schien um so notwendiger, als gerade die Drucktechnik im Wandel von jahrhundertealter Handwerkskunst zur computerorientierten Industrie begriffen ist. Es werden darum auch wichtige technische Begriffe aus der Computersprache erklärt und die Zusammenhänge besonders mit dem Text- und Bildherstellungsbereich verdeutlicht.
  Klare Abbildungen zu den meisten Themen und kurzgehaltene, auf das Wesentliche konzentrierte Texte ergänzen und unterstützen einander bei der Erklärung technischer Fakten, die vielfach aus dem Bereich der elektronischen Datenverarbeitung kommen und auch deren Sprache benutzen.
  Ein vollständiger Abriß des Fachwissens der vielen Berufe innerhalb der Druckindustrie kann hier nicht vermittelt werden. Aber der schnelle Zugriff, die einprägsame Information, die einfache Erklärung oft komplizierter Vorgänge waren die Vorgaben bei der Konzeption dieses Buches.
  Damit soll der Themenkreis Drucktechnik innerhalb der Kommunikationswirtschaft für alle zugänglich gemacht werden, die sich beruflich, in der Ausbildung oder aus Neigung und Interesse, ausschnittweise oder im Überblick mit den technischen Möglichkeiten der Printmedien befassen. Denn auch im Zeitalter der »Neuen Medien« wird man ohne die Drucktechnik nicht auskommen.

Erhardt D. Stiebner

Der Brieffmaler.

Ein Brieffmaler bin aber ich/
Mit dem Pensel so nehr ich mich/
Anstreich die bildwerck so da stehnd
Auff Papyr oder Pergament/
Mit farben/ vnd verhöchs mit gold/
Den Patronen bin ich nit hold/
Darmit man schlechte arbeit macht/
Darvon auch gringen lohn empfacht.

Schrift und Typografie

Mit Schriften werden vom Typografen Druckwerke gestaltet. Dazu können noch Fotos oder Zeichnungen kommen. Viele unserer Druckschriften gehen auf Vorbilder zurück, die von Schriftkünstlern seit Gutenberg für den Bleisatz geschaffen worden sind. Das Schriftbild blieb über lange Zeiträume gleich. Vom Bleisatz wurde im Hochdruckverfahren gedruckt, das heißt, die Buchstaben drückten sich in das Papier ein. Das gab der Schrift ein unverwechselbares, lebendiges Aussehen.
   Mit den technischen Möglichkeiten der Elektronik können Schriften beliebig verändert werden. Damit werden dem Typografen mannigfaltige Möglichkeiten zur Gestaltung angeboten, die der starre Bleisatz nicht kannte. Es gelten die überlieferten traditionellen Regeln guter Buchgestaltung aber auch noch heute. Weil Druckwerke heutzutage überwiegend im Flachdruckverfahren gedruckt werden, liegt die Schrift »flach« auf dem Papier auf. Sie kann dadurch leicht steril wirken.
   Immer mehr Schriften werden für den DTP-Bereich geschaffen, die bisher allerdings noch relativ einfachen typografischen Ansprüchen genügen.

Schrift

Schriftstil. Über einen Zeitraum von mehreren tausend Jahren hinweg hat sich aus prähistorischen Bildzeichen über die Keilschriften in Mesopotamien und die Hieroglyphen in Ägypten die uns vertraute Buchstabenschrift entwickelt. Die über Jahrhunderte hinweg für den Druck geschaffenen Schriften spiegeln die künstlerischen Ausdrucksformen und die technischen Notwendigkeiten ihrer Zeit. Nach der Klassifikation der DIN-Norm 16518 werden Druckschriften grundsätzlich in *runde* und *gebrochene Schriften* eingeteilt, zu denen jeweils verschiedene Schriftarten gehören. Die runden Schriften als sogenannte lateinische Schriften werden auch *Antiquaschriften* genannt. Häufig tragen die Schriftarten den Namen ihres Schöpfers, wie z. B. die Trump-Mediäval, die Georg Trump geschnitten hat. Oder sie sollen mit ihrem Namen eine programmatische Botschaft zum Ausdruck bringen, wie z. B. die Futura, 1926 von Paul Renner unter dem Einfluß des Bauhausstils geschaffen. In unserem Kulturkreis haben sich die runden Antiquaschriften mit und ohne *Serifen* durchgesetzt. Serifen sind kleine Anschluß- und Begrenzungsstriche an den Buchstaben.

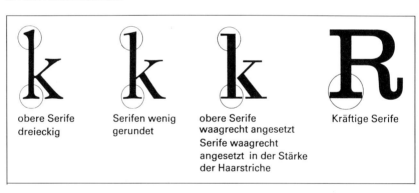

| obere Serife dreieckig | Serifen wenig gerundet | obere Serife waagrecht angesetzt Serife waagrecht angesetzt in der Stärke der Haarstriche | Kräftige Serife |

Beispiele für Unterscheidungsmerkmale der Schriften nach Serifen

Runde Form   Gebrochene Form

Beispiele für runde und gebrochene Schrift

Trump   PAUL RENNER

Schriftbeispiele für die Trump-Mediäval und die Futura

Schrift 13

Gruppe Französische Renaissance-Antiqua

Momberg

gesetzt aus der Schrift »Garamond«

Gruppe Barock-Antiqua
(Vorklassizistische Antiqua)

Momberg

gesetzt aus der Schrift »Janson«

Gruppe Klassizistische Antiqua

Momberg

gesetzt aus der Schrift »Walbaum«

Gruppe Serifenbetonte Linear-Antiqua

Momberg

gesetzt aus der Schrift »Schadow«

Gruppe Serifenlose Linear-Antiqua

Momberg

gesetzt aus der Schrift »Futura«

Die Schriftklassifikation der DIN-Norm 16 518

Gruppe

I Venezianische Renaissance-Antiqua
II Französische Renaissance-Antiqua
III Barock-Antiqua
IV Klassizistische Antiqua
V Serifenbetonte Linear-Antiqua
VI Serifenlose Linear-Antiqua
VII Antiqua-Varianten
VIII Schreibschriften
IX Handschriftliche Antiqua
Xa Gotisch
Xb Rundgotisch
Xc Schwabacher
Xd Fraktur
Xe Fraktur-Varianten

Gruppe Schreibschriften

Momberg

gesetzt aus der Schrift »Künstler-Schreibschrift«

Gruppe Schwabacher

𝔐omberg

gesetzt aus der Schrift »Alte Schwabacher«

Gruppe Fraktur

𝔐omberg

gesetzt aus der Schrift »Zentenar-Fraktur«

Schrift und Typografie

Mit elektronisch gesteuerten DTP- und Satzsystemen lassen sich alle Schriften beliebig verändern. Modifizierte Schriften bieten reichhaltige Möglichkeiten zur zweckgerechten und originellen Drucksachengestaltung, können aber auch, unsachgemäß angewendet, zur Stilverwilderung führen.

1 **Handbuch der Druckte**
2 **Handbuch der**
3 **Handbuch der Dr**
4 **Handbuch der Drucktechnik**
5 **Handbuch der Drucktechnik**
6 Handbuch der Drucktechn
7 *Handbuch der Drucktechn*

Beispiele für Schriftmodifikationen

(1) Originalschrift, (2) mit Faktor 1,6 verbreitert, (3) mit Faktor 1,3 verbreitert, (4) mit Faktor 0,8 verengt, (5) mit Faktor 0,65 verengt, (6) Originalschrift, (7) elektronisch kursiv

---

Digiset-Schriften können innerhalb jedes Größenbereiches mit den Dicken der übrigen Schriftgrade aufgezeichnet werden. Das gestattet Variationen von sehr eng bis extra breit bei gleicher Kegelhöhe. Zusätzlich können alle Schriften (außer echten Kursiv-Schnitten) in drei Winkeln schräggestellt werden. Damit bietet der Digiset eine Vielzahl von Schriftvariationen von nur einem Schnitt.

ohne elektronische Variation

Digiset-Schriften können innerhalb jedes Größenbereiches mit den Dicken der übrigen Schriftgrade aufgezeichnet werden. Das gestattet Variationen von sehr eng bis extra breit bei gleicher Kegelhöhe. Zusätzlich können alle Schriften (außer echten Kursiv-Schnitten) in drei Winkeln schräggestellt werden. Damit bietet der Digiset eine Vielzahl von Schriftvariationen von nur einem Schnitt.

elektronisch verbreitert

Digiset-Schriften können innerhalb jedes Größenbereiches mit den Dicken der übrigen Schriftgrade aufgezeichnet werden. Das gestattet Variationen von sehr eng bis extra breit bei gleicher Kegelhöhe. Zusätzlich können alle Schriften (außer echten Kursiv-Schnitten) in drei Winkeln schräggestellt werden. Damit bietet der Digiset eine Vielzahl von Schriftvariationen von nur einem Schnitt.

elektronisch schmaler

Variation von Digiset-Schriften

Schrift 15

schriften schriften
schriften schriften
schriften schriften
schriften schriften
schriften schriften
schriften schriften

Beispiele für Schriftmodifikationen, die bis zur völligen Verfremdung der Schrift führen können.

MUSJK JM LEbEN dER VÖLKER
AM 21. JULJ 20 UhR
dJRJGJERT JM OPERNhAUS
FJTELbERG
WARSthAUS
bERÜhMTER dJRJGENT
WERKE
POLNJSthER MEJSTER

Konzertplakat von Kurt Schwitters 1927 (Ausschnitt)

16 Schrift und Typografie

Beispiele für Kreis- und Wellensatz. Im Fotosatz lassen sich Schriftzeilen in alle möglichen Formen bringen.

Schriftgröße. Die Größe (Grade) der Druckschriften werden nach dem typografischen Maßsystem in *Punkte* eingeteilt. Ein typografischer Punkt nach dem bei uns üblichen System von Didot entspricht

Punkt	Historische Bezeichnung	1 Punkt = ca. 0,376 mm			
2	Viertelpetit (Non plus Ultra)	0,752	14	Mittel	5,265
3	Viertelcicero (Brillant)	1,128	16	Tertia	6,017
			18	1½ Cicero	6,769
4	Halbpetit (Diamant)	1,504	20	Text	7,521
			24	Doppelcicero	9,025
5	Perl	1,880	28	Doppelmittel	10,529
6	Nonpareille	2,256	36	3 Cicero (Kanon)	13,538
7	Kolonel (Mignon)	2,632	48	4 Cicero (Kleine Missal)	18,050
8	Petit	3,008			
9	Borgis	3,384	60	5 Cicero (Sabon)	22,563
10	Korpus (Garmond)	3,761	72	6 Cicero	27,076
12	Cicero	4,513	84	7 Cicero	31,588

Schriftgrößen-Übersicht in typografischen Punkten und Millimetern

0,376 Millimeter. Daneben gibt es die Einteilung nach dem *metrischen Maßsystem*, das nach der Vorschrift der Europäischen Gemeinschaft das Punktsystem ablösen soll. Die historischen Bezeichnungen für die Schriftgrößen stammen aus der Frühzeit des Bleisatzes. Mit Hilfe der elektronisch gesteuerten Satzsysteme können Schriften stufenlos in allen Größen belichtet werden.

Die Größe einer Schrift wird von der Oberlänge bis zur Unterlänge der Buchstaben gemessen. Die Ober- und Unterlängen charakterisieren eine Schrift. Alle Schriften gleicher Punktgröße weisen eine identische Höhe der Versalbuchstaben (Großbuchstaben) auf. Deshalb bietet sich zur Schriftgrößenangabe als genauer Meßwert die Höhe der Versalbuchstaben in Millimeter an. Die Kleinbuchstaben werden auch Gemeine (von Allgemein) genannt.

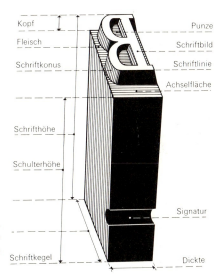

**Der Aufbau der Bleiletter:
Daran lassen sich alle für
die Bewertung der Schrift notwendigen Begriffe zeigen.**

Schriften haben unterschiedliche Ober- und Unterlängen.

Für Druckwerke unterscheidet man *Kleinschriften, Lesegrößen* und *Überschriftsgrößen*. Über diese Schriftgrößen für Bücher, Zeitschriften und Zeitungen hinaus gibt es beliebig große Schriften für den Plakatsatz.

Schriftart. Der sogenannte Schnitt einer Schrift, ein aus dem Bleisatz übernommener Begriff, wird als *Schriftart* bezeichnet, wie z. B. die

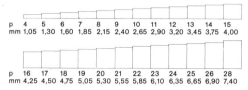

Zum Messen gibt es Typenmaße, mit denen die Höhe der Versalien in Millimeter und Punkten exakt bestimmt werden kann (Abbildung leicht verkleinert).

Kleinschriften		Überschriften	
6 p	Kegelgröße		
7 p	Kegelgröße	14 p	Kegelgröße
8 p	Kegelgröße	16 p	Kegelgröße
Leseschriften (Buchschriften)		20 p	Kegelgröße
9 p	Kegelgröße	24 p	Kegelgröße
10 p	Kegelgröße		
12 p	Kegelgröße	28 p	Kegelgröße

Schriftgrößen von 6 bis 28 Punkt

Meßfolie für die Maße der Druckzeilen auf einer Buchseite in Millimetern und Punkten. Gemessen wird von Schriftlinie zu Schriftlinie (Abbildung leicht verkleinert).

Schrift 19

Trump-Mediäval. Die verschiedenen Größen einer Schriftart wie Kursiv (Schrägstellung), Kapitälchen oder Fett und Halbfett ergeben eine *Schriftgarnitur*. Die Garnituren zusammen bilden die *Schriftfamilie*.

Garamond gerade	Garamond kursiv	Garamond halbfett
Garamond-Antiqua	*Garamond-Kursiv*	**Garamond halbfett**
Garamond-Antiqua	*Garamond-Kursiv*	**Garamond halbfett**
Garamond-Antiqua	*Garamond-Kursiv*	**Garamond halbfett**
Garamond-Antiqua	*Garamond-Kursiv*	**Garamond halbfett**
Garamond-Antiqua	*Garamond-Kursiv*	**Garamond halbfett**
Garamond-Antiqua	*Garamond-Kursiv*	**Garamond halbfett**
Garamond-Antiq	*Garamond-Kursiv*	**Garamond halb**
Garamond-An	*Garamond-Kurs*	**Garamond h**
Garamond	*Garamond*	**Garamon**

Beispiel für drei Schriftgarnituren

	leicht	mager	halbfett	fett
eng	ABCDEFGH IJKLMNOPQR STUVWXYZ abcdefghijklm nopqrstuvwxyz 1234567890	ABCDEFGH IJKLMNOPQR STUVWXYZ abcdefghijklm nopqrstuvwxyz 1234567890	ABCDEFGH IJKLMNOPQR STUVWXYZ abcdefghijklm nopqrstuvwxyz 1234567890	**ABCDEFGH IJKLMNOPQR STUVWXYZ abcdefghijklm nopqrstuvwxyz 1234567890**
standard	ABCDEFGH IJKLMNOPQR STUVWXYZ abcdefghijklm nopqrstuvwxyz 1234567890	ABCDEFGH IJKLMNOPQR STUVWXYZ abcdefghijklm nopqrstuvwxyz 1234567890	**ABCDEFGH IJKLMNOPQR STUVWXYZ abcdefghijklm nopqrstuvwxy 1234567890**	**ABCDEFGH IJKLMNOPQ STUVWXYZ abcdefghijkl nopqrstuvwx 1234567890**
breit	ABCDEFGH IJKLMNOP STUVWXYZ abcdefghijk nopqrstuvw 123456789	ABCDEFGH IJKLMNOP STUVWXYZ abcdefghijk nopqrstuvw 1234567890	**ABCDEFG IJKLMNOP STUVWXYZ abcdefghijk nopqrstuv 123456789**	**ABCDEFG IJKLMNOP STUVWXY abcdefghi nopqrstuv 12345678**
kursiv	*ABCDEFGH IJKLMNOPQR STUVWXYZ abcdefghijklm nopqrstuvwxyz 1234567890*	*ABCDEFGH IJKLMNOPQR STUVWXYZ abcdefghijklm nopqrstuvwxyz 1234567890*	***ABCDEFGH IJKLMNOPQR STUVWXYZ abcdefghijklm nopqrstuvwxy 1234567890***	***ABCDEFG IJKLMNOP STUVWXY abcdefghi nopqrstuv 12345678***

Eine Schriftfamilie besteht aus einzelnen Garnituren. Nicht alle Schriftarten zeigen eine solche Vielfalt wie die Helvetica.

Zu den Buchstaben einer Schriftart gehören auch Zahlen, *Sonderzeichen* (wie Währungszeichen für Dollar), *Symbole* (wie Tierkreiszeichen), *Akzente* (wie für die französische Sprache), *technisch-mathematische Zeichen* (wie das Pluszeichen) oder *phonetische Lautzeichen* (zur Lautbeschreibung von Fremdwörtern). *Piktogramme* erleichtern im internationalen Verkehr die Verständigung. Sie nehmen in bestimmten Bereichen die Stellung von Schriftzeichen ein.

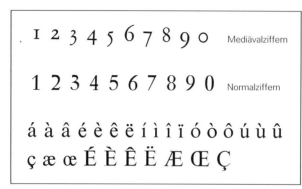

Beispiele für Zahlen und Akzentbuchstaben

Tierkreiszeichen

Astronomische Zeichen

Mathematische Zeichen

Piktogramme
Von links nach rechts: Gewichtheber, Fechten, Basketball, Flughafen, Hafen, Bundesbahn, U-Bahn

Linien und Schmuck. Außer den Buchstaben können auch vorgegebene Schmuckelemente wie Linien und Rahmen zur Gestaltung von Druckwerken verwendet werden.

2 Punkt fein

1 Punkt stumpffein (Normbild nach DIN 16521)

2 Punkt stumpffein (Normbild nach DIN 16521)

2 Punkt halbfett (Normbild nach DIN 16521)

2 Punkt punktiert (Normbild, stumpffein)

2 Punkt punktiert (Normbild, fein)

1 Punkt fett

Beispiele für Schmuckelemente und Linien   2 Punkt fett

Typografie

Anwendung der Schrift. Die Gestalter von Drucksachen wählen sorgfältig aus dem mannigfaltigen Angebot die geeignete Schrift aus. Sie wollen damit den Ansprüchen der Ästhetik genügen und die Lesbarkeit eines Textes verbessern. Die Ästhetik ist zeitbezogen, oft kurzfristigen Moden unterworfen. Die *Lesbarkeit* beruht auf dem mühelosen und schnellen Erkennen der Aussage des Druckwerkes. Sie ist abhängig von Lesealter, Lesegewohnheit und Zweck des Lesens. Ein Fachbuch muß anders gestaltet werden als ein künstlerischer Bildband, eine Lesefibel für Siebenjährige anders als ein Handbuch für Juristen. Schriftart und Schriftgröße müssen bedacht werden. Dazu kommen in vielen Fällen Abbildungen wie Fotos, Diagramme oder Zeichnungen. Für die gute Lesbarkeit sind die freien, unbedruckten Räume wichtig, sie gliedern Textgruppen, schaffen Übersichtlichkeit. Vor allem in Lehrbüchern kann durch die Verwendung einer zweiten Druckfarbe die Gliederung optisch verdeutlicht werden. Sie verteuert aber den Druck.

Antiqua
runde
Form

Schriftform	1
Schriftform	2
Schriftform	3
Schriftform	4
Schriftform	5
Schriftform	6

Eine Zeile vermittelt eine sprachliche und eine stilistische Aussage.
Je mehr sich die Schrift von ihrer Skelettform (1) entfernt, je stärker sie also stilistische Aussage (5 und 6) wird, desto schwächer wird ihre sprachliche Mitteilung. Der Stil dominiert.

Schriftarten und Zeilenanordnung richten sich nach dem Inhalt des Druckwerkes.

technisch
Der Fachmann versucht, den Typus der Schrift nach dem Textinhalt auszuwählen. Damit schafft er eine wesentliche Vorarbeit für ein stilistisch richtiges Produkt.

literarisch
Ein weiteres Glied in der Kette stilistischer Merkmale ist die Zeilenform. In der Literatur wird der geschlossene Satz bevorzugt. Romane und Erzählungen sind so gesetzt.

Die Wirkung verschiedener Schriftbilder auf den Leser

Runde Form	1
𝔎𝔲𝔫𝔡𝔢 𝔉𝔬𝔯𝔪	2
Gebrochene Form	3
𝔊𝔢𝔟𝔯𝔬𝔠𝔥𝔢𝔫𝔢 𝔉𝔬𝔯𝔪	4
Linearschrift	5
Linearschrift	6
Schreibschrift	7
Schreibschrift	8

Sprachliche Aussage und Schriftstil

Bei den Schriften 1, 4, 5 und 8 stimmt die sprachliche Aussage mit der stilistischen überein, während bei 2, 3, 6 und 7 die Schriftform dem textlichen Inhalt widerspricht

Auszeichnung. Bei Druckschriften gibt es neben der Grundform zahlreiche davon abgeleitete Modifikationen des Schriftbildes wie kursive und halbfette Buchstaben oder Kapitälchen. Andere Auszeichnungsmöglichkeiten bietet das Spiel mit Räumen und Linien, wie Sperren, Unterstreichen, Schriftmischungen unterschiedlicher Schriftgrößen oder Leerzeilen. Auszeichnungen dienen zur Hervorhebung bestimmter Wörter und Textteile innerhalb des laufenden Textes oder machen Überschriften deutlicher erkennbar.

Das Wort	DAS WORT	KAPITÄLCHEN ergeben durch das ausgeglichene Schriftbild eine gute Gliederung. Besonders für Namen und römische Zahlen eignen sie sich.
Das Wort	*DAS WORT*	
DAS WORT	DAS WORT	VERSALIEN müssen ausgeglichen und etwas gesperrt werden. Innerhalb des Textes sind sie nicht geeignet, empfehlen sich jedoch für Titel.
Das Wort	**DAS WORT**	

Längerer Text wird aus einer gut lesbaren Schrift gesetzt. Ein *schräg* gedrucktes Wort unterbricht den gewohnten Leseablauf und fällt deshalb auf.

Fettere Schrift ist als Betonung von Stichworten (Spitzmarken) im Lexikon gut brauchbar. Aber auch für Überschriften wird sie gerne verwendet.

Eine andere Auszeichnungsart bei Überschriften ist die freistehende Zeile.

Sie wirkt nur durch den sie umgebenden Raum.

S p e r r e n ist keine schöne Art der Auszeichnung. Da die Fraktur jedoch auf viele Möglichkeiten der Auszeichnung, die beim Satz von Antiqua möglich sind, verzichten muß, ist es ein notwendiges Mittel.

Kursiv ist die beliebteste Art der Auszeichnung. Ihr Schriftbild entspricht dem Grauwert der übrigen Zeile. Auch Satz längerer Texte ist möglich.

Negativ als Auszeichnung

AUSZEICHNEN *mit anderer Schrift*

Beispiele für Auszeichnungen

Überschriften gliedern den Text, sie müssen deshalb auffällig gesetzt werden. Gibt es eine mehrgliedrige Überschriftenhierarchie, so muß diese durch Schreibweise und Gestaltung für den Leser eindeutig sein. Die Wertigkeit der Überschriften kann beispielsweise durch die Dezimalnumerierung sichtbar werden (1. 1.1. 1.1.1.), durch Buchstaben (A. a) *a)*) oder durch eine Zahlen-Buchstabenkombination (I. A. 1.). Mit unterschiedlichen Schriftgrößen, Buchstabenformen wie halbfett oder Versalien läßt sich die Hierarchie auch ohne Numerierung zum Ausdruck bringen. Die eindeutige Gliederung muß sich auch im Inhaltsverzeichnis widerspiegeln.

Überschriften und Seitenzahlen können um die Mittelachse angeordnet (axialer Satz) oder links- und rechtsbündig (anaxialer Satz) angeordnet sein (siehe Seite 28).

Zeilenanordnung. Ein Text, bei dem alle Zeilen gleich lang sind, ist im *Blocksatz* gesetzt. Gut gesetzten Blocksatz erkennt man an möglichst einheitlichen Wortzwischenräumen. Beginnt eine Zeile etwas eingerückt, so hat sie einen *Einzug*. Eingezogene Zeilen verdeutlichen Absatzanfänge. Texte mit unterschiedlich langen Zeilen sind im *Flattersatz* gesetzt. Besonders bei schmalem Satzspiegel werden damit häufige und die Lesbarkeit erschwerende Worttrennungen vermieden. Flattersatz kann links- oder rechtsbündig oder um die Mittelachse gesetzt werden. Auch Überschriften oder Seitenzahlen werden links- oder rechtsbündig (anaxial) oder auf Mittelachse (axial) angeordnet.

Die Wirkung von Blocksatz und Flattersatz

Blocksatz
Krieg ist zuerst die Hoffnung, daß es einem besser gehen wird, hierauf die Erwartung, daß es dem anderen schlechter gehen wird, dann die Genugtuung, daß es dem anderen auch nicht besser geht, und hernach die Überraschung, daß es beiden schlechter geht.

Flattersatz linksbündig
Krieg ist zuerst die Hoffnung, daß es einem besser gehen wird, hierauf die Erwartung, daß es dem anderen schlechter gehen wird, dann die Genugtuung, daß es dem anderen auch nicht besser geht, und hernach die Überraschung, daß es beiden schlechter geht.

Flattersatz rechtsbündig
Krieg ist zuerst die Hoffnung, daß es einem besser gehen wird, hierauf die Erwartung, daß es dem anderen schlechter gehen wird, dann die Genugtuung, daß es dem anderen auch nicht besser geht, und hernach die Überraschung, daß es beiden schlechter geht.

Flattersatz um die Mittelachse
Krieg ist zuerst die Hoffnung, daß es einem besser gehen wird, hierauf die Erwartung, daß es dem anderen schlechter gehen wird, dann die Genugtuung, daß es dem anderen auch nicht besser geht, und hernach die Überraschung, daß es beiden schlechter geht.

Ausgleichen. Die Grundform der lateinischen Buchstaben besteht aus Kreis, Rechteck oder Quadrat. Der *Dickteaufbau der Buchstaben* aus diesen Elementen bewirkt unterschiedlich große Buchstabenabstände, die unschön wirken. Das gilt besonders für Versalsatz und Satz in größeren Schriftgraden. Um diese Abstände zu vereinheitlichen, müssen sie ausgeglichen werden. Für den computergesteuerten Satz stehen dafür Ästhetikprogramme zur Verfügung.

Von der abgese

Von der abgesetzte

Von der abgesetzten po

Der Abstand von einem Wort zum nächsten ist abhängig von der Schrift. Größere Schriften bedingen einen größeren Abstand als kleinere, schmale Schriften einen engeren als breite. Richtwert für die jeweilige Schrift ist der Innenraum des Buchstaben »n«.

ATH

ATH *Ausgleichen von Versalbuchstaben durch Unterschneiden*

Literatur *Sorgfältig ausgeglichene Überschriftzeile*

Satzspiegel. Mit dem Satzspiegel *(Kolumne)* wird der Raum bezeichnet, der von Text und Abbildung eingenommen wird. Die Satzspiegelfläche wird nicht auf die geometrische Mitte der Buchseite gestellt, sondern beispielsweise nach dem Goldenen Schnitt auf der Fläche angeordnet. Die den Satzspiegel umgebenden freien Räume werden *Stege* genannt. Wie es das Beispiel des Goldenen Schnittes zeigt, sind die Stege unterschiedlich groß. Die Größe des Satzspiegels beeinflußt den Umfang des Druckwerkes.

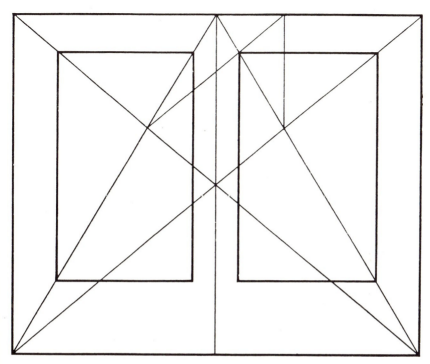

Satzspiegel eines Buches nach den Proportionen des Goldenen Schnitts (21:34)

Überschriften und lebende Kolumnentitel stehen innerhalb des Satzspiegels; Seitenzahlen und Marginalien stehen außerhalb.

Bilder. In den meisten Druckwerken werden Bilder zu den Texten gestellt. Bild und Schrift sollen eine kompositorische Einheit bilden. Bei *textbetonten Druckwerken* haben die Bilder eine interpretierende Hilfsfunktion; sie sollen sich harmonisch in die Seitengestaltung innerhalb des Satzspiegels einfügen. In *bildbetonten Druckwerken* rückt die Bedeutung der Bilder in den Vordergrund der Gestaltung. Sie können den Satzspiegel überschreiten. Sind viele Bilder auf einer Seite unterzubringen, dürfen die einzelnen Abbildungen nicht zu klein sein. In Lehrbüchern ist besonders darauf zu achten, daß alle Bildelemente deutlich erkennbar sind. Das gilt vor allem für Beschriftungen innerhalb der Bilder. Farbige Bilder haben einen größeren Aufmerksamkeitswert als einfarbige, Fotos einen größeren als Zeichnungen. Zu den Bildern gehören die *Bildunterschriften,* auch *Legenden* genannt. Die Lesbarkeit wird erschwert, wenn diese nicht direkt beim Bild stehen, z. B. in einem Bildband im Legendenteil zusammengefaßt sind.

Aufbau einer Buchseite eines wissenschaftlichen Werkes. Die Überschrift steht um die Mittelachse angeordnet, die Seitenzahl steht rechtsbündig.

Seitenaufbau. Zum eigentlichen Text kommen noch zusätzliche Elemente: Die *Seitenzahl*, auch *Pagina* genannt, kann oben oder unten, auf Mittelachse oder an den Außenstegen stehen. In wissenschaftlichen Werken, Sammelwerken und Zeitschriften steht über dem Text häufig ein Stichwort zum Seiteninhalt. Dieses wird *lebender Kolumnentitel* genannt. Eine Seite kann auch *Marginalien* – auf die Außenstege gestellte Randbemerkungen zum nebenstehenden Text – aufweisen. Unter den Text werden die *Fußnoten* in kleinerem Schriftgrad als Konsultationserklärungen zum Lesetext gestellt.

Gestaltungsraster einer Buchseite für ein reich illustriertes Werk mit unterschiedlich großen Bildern. Dreispaltiger Satz ergibt ein dynamisches Layout, speziell wenn Abbildungen integriert werden.

Typografie 29

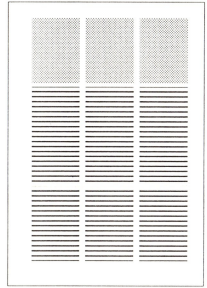

Gestaltungsraster. Hierunter versteht man ein einheitliches Rasternetz für alle Seiten eines reichgegliederten Druckwerkes. In die Rasterfelder können Schriftblöcke, Abbildungen mit Bildunterschriften (Legenden), Überschriften, Zwischentitel und alle sonstigen Gestaltungselemente eingepaßt werden.

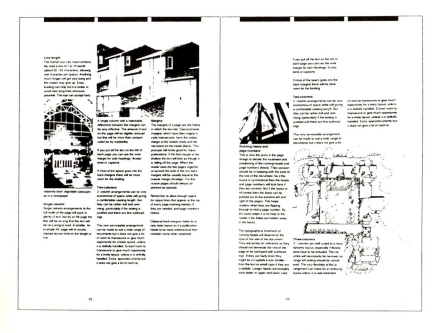

Der Schrifftgiesser.

Ich geuß die Schrifft zu der Druckrey
Gemacht auß Wißmat/Zin vnd Bley/
Die kan ich auch gerecht justiern/
Die Buchstaben zusammn ordniern
Lateinisch vnd Teutscher Geschrifft
Was auch die Griechisch Sprach antrifft
Mit Versalen/ Puncten vnd Zügn
Daß sie zu der Truckrey sich fügen.

Texterfassung – Textverarbeitung – Satzherstellung

Wenn man in früheren Jahren von Setzen sprach, so verstand man darunter den Satz mit beweglichen Lettern, wie er gegen 1450 von Johannes Gutenberg in Mainz erfunden worden war. Das Prinzip bestand darin, die einzelnen Bleilettern zu Zeilen zusammenzusetzen und diese zu Buchseiten zu umbrechen. Im 19. Jahrhundert wurde der manuelle Handsatz für den Mengensatz von der Einzelbuchstabengießmaschine (Monotype) und der Zeilengußmaschine (Linotype) abgelöst. Im Hochdruckverfahren (Buchdruck) konnte direkt vom Bleisatz gedruckt werden. Nach dem Druck wurde der Satz zur Wiederverwendung in den Schriftkasten abgelegt oder eingeschmolzen. In der Mitte des 20. Jahrhunderts hat der Fotosatz den Bleisatz abgelöst. Die Schriftzeichen wurden in Satzbelichtern auf Film belichtet. Belichtungen durch *Datenträger* (Schriftscheiben) und *Kathodenstrahl-Maschinen* (CRT) gehören bereits wieder der Vergangenheit an. Enthielten die Seiten Abbildungen, wurden diese in der Reproduktionsanstalt reproduziert. Der Setzer montierte die Text- und die Abbildungsfilme manuell zusammen. Die Filme dienten als Druckvorlage für die einzelnen Druckverfahren.

Mit *Desktop-Publishing-Systemen (DTP)* werden heute alle für die Druckvorlagenherstellung notwendigen Arbeiten in der Druckvorstufe miteinander verknüpft ausgeführt. Die klassische Trennung in den Bereich »Satz« in der Setzerei und den Bereich »Reproduktion«

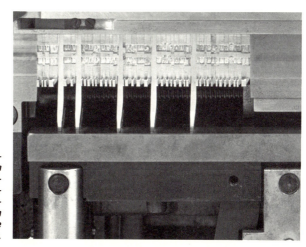

Detail der Linotype-Setzmaschine für den Zeilenguß. Durch Hochdrücken der Spatienkeile für die Wortzwischenräume werden die Zeilen auf volle Länge ausgeschlossen.

32 Texterfassung/Textverarbeitung/Satzherstellung

Manuelle Filmmontage für den Seitenumbruch

in der Reproduktionsanstalt ist zugunsten einer integrierten Arbeitsweise aufgehoben worden. Diese Leistungen werden von *einem* Betrieb angeboten. In dieses Zusammenspiel wird auch immer mehr der Autor eingebunden, der seine Texte auf dem heimischen Personal Computer erfaßt und bearbeitet auf einer Diskette als Dateien liefert.

Gießrahmen der Monotype-Setzmaschine für den Einzelbuchstabenguß

Ursprünglich bedeutete DTP nur eine besondere Art einfacher Satzherstellung in der Bürokommunikation. Jetzt werden mit dem DTP-System Texte und Abbildungen erfaßt und bis zur Druckreife bearbeitet. Das schließt die Textbearbeitung, die Bildbearbeitung, die Seitengestaltung (Text-/Bildintegration) und die Belichtung auf Film mit dem Laserbelichter, den Druck auf Papier mit dem Laserdrucker oder die direkte Übernahme der Daten auf den Druckträger *(Computer-to-plate)* ein.

Im Zusammenhang dieses Buches können nicht alle technischen Möglichkeiten der Hardware und Software behandelt werden, die für *Electronic Publishing* angeboten werden. Es kommen in kürzesten Zeitabständen immer wieder neue hinzu. Möglich wurde diese Entwicklung der grafischen Technologie durch die ständige Verbesserung der elektronischen Datenverarbeitung mit ihren mannigfaltigen *Programmen* und den enorm großen *Speichermöglichkeiten.* Es zeichnet sich der Trend ab, daß die mit DTP bearbeiteten Daten neben den Printmedien auch auf anderen Medien vervielfältigt und verbreitet werden. Compact Disk (CD) und CD-ROM stehen schon jetzt dafür zur Verfügung.

Schema der Produktionsvielfalt der modernen Satzherstellung

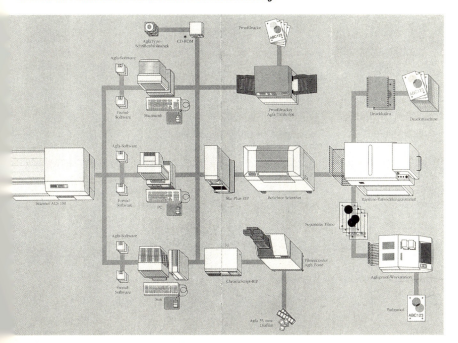

Text- und Bilderfassung

Am Anfang jeder Drucksachenherstellung steht das vom Autor verfaßte Manuskript. Sind Abbildungen vorgesehen, müssen auch die Vorlagen beschafft werden. Diese schöpferische Arbeit kann von keinem PC ersetzt werden. Aber es gibt viele Hilfsmittel, um diese Arbeit zu erleichtern.

Manuskriptanforderungen. Bevor ein *Textmanuskript* zum Satz gegeben wird, muß es »satzfertig« bearbeitet sein. Vor allem dürfen keine inhaltlichen Unstimmigkeiten enthalten sein, die zu teuren nachträglichen Korrekturen (Autorkorrekturen) führen. Dazu zählen auch die einheitliche Schreibweise von Namen, Abkürzungen, Fachbegriffen, Zahlenangaben u.ä. In der Regel gilt die Rechtschreibung nach Duden. Aber auch die technischen Anforderungen für die Weiterverarbeitung sind zu beachten.

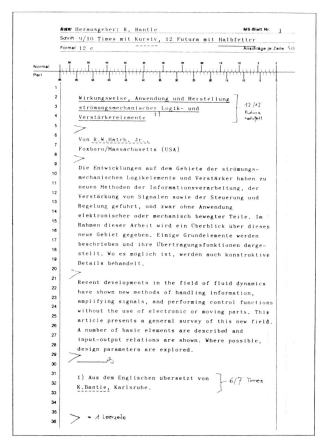

Ein vorschriftsmäßiges, mit der Schreibmaschine geschriebenes Manuskriptblatt mit eingetragenen Satzvorschriften

Für ein konventionelles *Schreibmaschinenmanuskript* sind die Blätter einseitig zu beschreiben. Wichtig sind auch die Numerierung der Blätter, der genügend große Zeilenabstand von 1½ bis 2 Leerzeilen und 2 bis 3 cm breite Ränder. Sollen Abbildungen bestimmten Textstellen zugeordnet werden, müssen diese am Manuskriptrand markiert werden.

Namen: H. Blana oder Hubert Blana
Zahlenangaben: 1 000 000 oder 1 Million oder 1 Mio.
Preise: —,60 DM oder 0,60 DM oder DM 0,60
Abkürzungen: Quadratmeter oder qm oder m^2
Einheitliche Schreibweise: Ski oder Schi;
 Typographie oder Typografie
Einheitliche Begriffe: Abbildung oder Bild
Datumangaben: 1.1.1994 oder 1. Januar 1994

Einige Beispiele für die einheitliche Schreibweise von Manuskripten

---

Sollen Abbildungen bestimmten Textstellen zugeordnet werden, müssen diese im Manuskript markiert werden.

(((Abbildung EDV-Arbeitsplatz)))

Für das elektronische Manuskript ist es notwendig, daß eine einwandfreie Diskette mit einem konvertierbaren Textprogramm verwendet wird.

Der in drei Klammern eingeschlossene Text ist zwar auf der Diskette erfaßt und im Protokollausdruck lesbar, wird aber bei der Satzbelichtung unterdrückt.

Für das *elektronische Manuskript* ist es notwendig, daß eine einwandfreie 3½-Zoll-Diskette verwendet wird. Es ist sinnvoll, wenn sich vor dem Beginn der Erfassungsarbeiten Autor, Verlag und Satzbetrieb über die unumgänglichen Erfassungsvorschriften absprechen. Dazu können das Textverarbeitungsprogramm, z. B. WORD, oder die Verwendung von Codes gehören, die z. B. Schriftwechsel auslösen oder nicht zu setzende Bearbeitungshinweise bei der Filmausgabe unterdrücken. Bis auf wenige Ausnahmen können gegenwärtig die auf dem Markt angebotenen Textverarbeitungsprogramme in die professionellen *DTP-Workstations* übernommen werden.
  Bei *Fotografien* als Abbildungsvorlagen sind neben der sachlichen Richtigkeit die Forderungen zu stellen, daß sie sich für eine Repro-

duktion eignen, d.h. scharf und farbrichtig sind, keine Beschädigungen oder Verschmutzungen aufweisen und die für die Reproduktion geeignete Größe haben.

Bildmanuskript. Der Autor, Redakteur oder Verlagslektor muß die für die Reproduktion von *Halbtonabbildungen* (Fotografien) notwendigen Angaben zu den Bildern liefern. Dazu gehört die Skizzierung des gewünschten Bildausschnitts, der später vom Auftragsbearbeiter exakt berechnet wird. Dazu gehören auch die Hinweise zur Bildbearbeitung wie: einen Farbstich unterdrücken, aussagewichtige Bildteile hervorheben, Schmutzflecke retuschieren usw. Für die Anlage des Layouts kann es von Bedeutung sein, Wünsche für die Bildgröße anzumerken, damit wichtige Bildelemente beispielsweise nicht zu klein gedruckt werden.

Volltonvorlagen können vom Autor als Skizzen geliefert werden, die ein Grafiker zu Reprovorlagen sauber zeichnet. Dabei ist auf die Scanfähigkeit zu achten. Beschriftungen werden entweder eingeklebt und zusammen mit dem Bild eingegeben oder nach dem Scannen der unbeschrifteten Vorlage separat erfaßt und über den Bildschirm genau positioniert. Volltonabbildungen können aber auch

Beispiel für Angaben des Autors zur Reproduktion der von ihm gelieferten Fotos

mit Hilfe eines Layoutprogramms wie »Micrografx Designer mit Windowoberfläche« im DTP-System über den Bildschirm gezeichnet und beschriftet werden.

Die Abbildungen werden numeriert und Originalvorlagen transportsicher verpackt. Zu den Abbildungen gehören in der Regel Bildbeschreibungen, die *Legenden*. Sie müssen im Interesse des elektronischen Umbruchs separat als eigene Datei erfaßt werden.

Schreibmaschinenmanuskript. Es gibt noch viele Autoren, die ihr Manuskript auf der Schreibmaschine tippen oder von einer Schreibkraft tippen lassen. Zur Eingabe in ein DTP-System oder Satzsystem muß es vom Setzer oder einer Hilfskraft vollständig abgeschrieben werden. Bei der Abschrift werden alle für die typografische Gestaltung und Satzbelichtung notwendigen Befehle eingearbeitet. Sie steuern Schriftgrößen, Auszeichnungsschriften, Zeilenbreiten, Einzüge, Überschriften usw. nach den Angaben einer detaillierten *Satzanweisung*. Dazu ist es notwendig, daß in das Manuskript die Auszeichnungen vom Autor, vom Verlagslektor oder Verlagstypografen (Hersteller) sorgfältig eingetragen werden.

Elektronisches Manuskript. Um das nochmalige Erfassen des Manuskriptes mit den damit verbundenen Fehlermöglichkeiten zu vermeiden, ist es sinnvoll, den Text eines Werkes direkt in das DTP-System oder Satzsystem einzugeben. Immer mehr Buchautoren, Zeitungs- und Zeitschriftenredakteure oder Verlagslektoren schreiben ihre Texte auf ihrem PC als *Dateien* auf *Datenträger*, in der Regel auf Disketten. Die Arbeit auf dem PC erleichtert außerdem die Arbeit des Schreibenden. Er kann mühelos Fehlerhaftes tilgen oder überschreiben, Textblöcke versetzen, muß nicht auf Silbentrennungen achten. Wichtige Wörter kann er fett oder kursiv hervorheben und auf dem Protokollausdruck sichtbar machen.

Vom Erfassenden wird strenge *Schreibdisziplin* erwartet. Dadurch unterscheidet sich die Erfassung vom Schreiben auf der Schreibmaschine. Zu den elementaren Erfassungsregeln gehören: Schreiben »endlos« ohne Silbentrennung, Unterscheidung zwischen Bindestrich und Gedankenstrich, Zahlen dürfen nicht mit Buchstaben geschrieben werden (1 statt I) usw. Überschriften werden im allgemeinen nicht ausgezeichnet geschrieben, z. B. in Versalien, sondern durch Leerzeilen vom laufenden Text abgehoben. Die Auszeichnung legt der Verlag fest. In der Regel wird dem Erfassenden vor der Erfassungsarbeit eine für das Druckwerk speziell verfaßte *Schreibanweisung* gegeben.

38 Texterfassung/Textverarbeitung/Satzherstellung

Konfiguration eines EDV-Arbeitsplatzes mit einem Laserdrucker zum Protokollausdruck

Mit der Diskette wird ein Datenausdruck geliefert, der mit einem preiswerten *Matrixdrucker* oder teureren *Laserdrucker* hergestellt ist. Er erlaubt die Kontrolle, ob alle Daten im DTP-System übernommen worden sind. Eine zweite Diskette als *Sicherungskopie* wird an einem sicheren Ort aufbewahrt.

Schema der EDV-Konfiguration

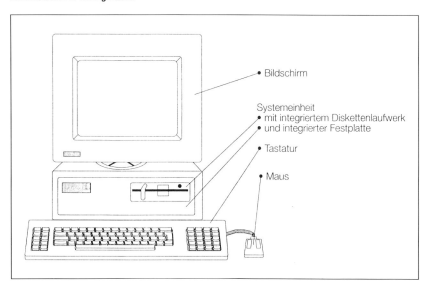

- Bildschirm
- Systemeinheit
  mit integriertem Diskettenlaufwerk
  und integrierter Festplatte
- Tastatur
- Maus

Text- und Bilderfassung 39

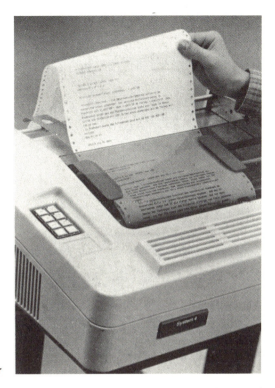

Matrixdrucker

Schema der Arbeitsweise eines Matrixdruckers

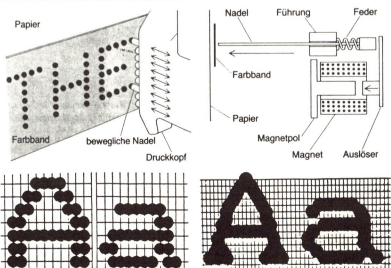

Text- und Bildeingabe

Lesemaschinen. Bereits gedruckte Texte (Reprints) können von einer *Lesemaschine* (z. B. »Kurzweil«) mit hoher Geschwindigkeit erkannt und als Daten im DTP-System bearbeitet werden. Gleiches gilt vom Schreibmaschinenmanuskript. Sie arbeiten »lernfähig«, d.h. undeutliche Zeichen werden, einmal richtig definiert, immer wieder richtig gelesen. Zur zweifelsfreien Zeichenerkennung ist sauberer Druck ohne Blattverschmutzung und handschriftliche Zusätze notwendig.

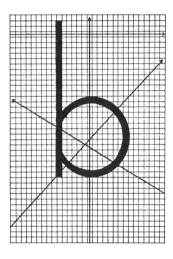

Schema der Bit-Erkennung einer Lesemaschine. In Wirklichkeit ist die Aufteilung der Felder feiner. Die Maschine vermag an den Schwärzungspunkten der eingegebenen Zeichen durch Abgleichen mit den Schwärzungspunkten des Leseprogramms jedes Zeichen richtig zu definieren. Bis zu 900 Bits sind zum Erkennen notwendig.

Flachbettscanner. Es sind unterschiedliche Geräte auf dem Markt.

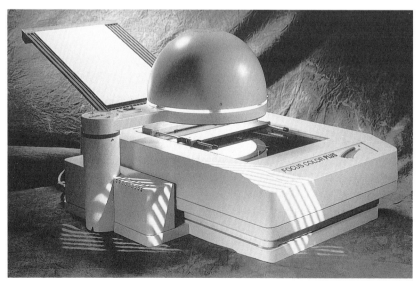

Text- und Bildeingabe 41

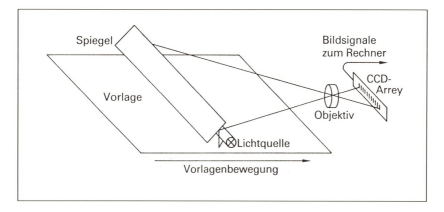

Schema der Arbeitsweise eines Flachbettscanners

Auch die Eingabe über den *Flachbettscanner*, ergänzt mit einem *OCR-Programm* (Optical Character Recognition), erlaubt die Verwendung dieser Vorlagen. Selbst Auszeichnungen wie *kursiv* bleiben erhalten.

Datenübernahme. Die auf der Diskette *offline* erfaßten Textdaten werden für die Bearbeitung in das DTP-System übernommen. Ruht die Bearbeitung, können sie wieder herausgenommen und auf einem externen Datenträger zwischengespeichert werden, um den Speicherplatz zu entlasten. Nur für bestimmte Arbeiten wird Text vom Setzer (Operator) direkt *online* eingetastet, z. B. bei Korrekturergänzungen oder Satz schwieriger Tabellen.

Datenfernübertragung (DFÜ). Bei räumlicher Trennung können zur schnellen Eingabe Daten über Telefonwähl- oder Standleitung der TELEKOM übertragen werden. Ein Modem (*Mo*dulation und *Demo*-

Schema der Datenfernübertragung

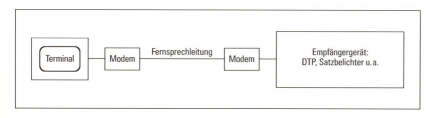

dulation) verwandelt die vom Sender ausgehenden Daten in Sprache (moduliert) und verwandelt sie beim Empfänger wieder in Daten (demoduliert).

Datenbank. Die in Datenbanken gespeicherten Informationen können über die Dienste der TELEKOM übertragen und genutzt werden. Für die direkte Übertragung in den Rechner bieten sich *DFÜ* und *Teletex* an. Diese Nutzung wird *Teleprocessing* genannt. Der Nutzen einer Datenbank liegt nicht allein im Speichern umfangreicher Informationen, sondern in der Aufbereitung, beispielsweise um sich bestimmte Begriffe nutzbar zu machen. Man unterscheidet zwischen Volltext, bibliografischen und numerischen Datenbanken. Die Ordnungsregeln der Datenbanken erlauben es dem Datenbankbenutzer, mit einfacher Dialogsprache (Retrivalsprache) gezielt die gesuchten Begriffe schnell zu finden. Datenbanken mit Online-Datenübertragung werden bevorzugt, wenn ein hohes Maß an Aktualität gewünscht wird. Beim Benutzen von auf CD-ROM gespeicherten Daten im Offline-Verkehr müssen unter Umständen überholte Daten in Kauf genommen werden.

Scanner. Einfarbige und farbige Vollton- und Halbtonabbildungen, aber auch Schrift-Manuskripte können mit dem Scanner in das DTP-System eingegeben werden. Scanner tasten die Vorlagen mit einem Lichtpunkt ab und wandeln die Helligkeit des reflektierten Lichts in elektrische Impulse unterschiedlicher Intensität zu Daten um. Die gescannte Vorlage wird auf dem Bildschirm der Workstation sichtbar und kann auf der Pixelebene bearbeitet werden.

Es gibt verschiedene Scanner. Verbreitet ist der *Flachbett-Scanner*. Dazu müssen die Vorlagen flach (plan) sein. Auch mit einer *Videokamera* können die Vorlagen erfaßt werden.

DTP-Arbeitsplatz mit Macintosh-Rechner ▷
und Linotype-Belichtungssystem,
in das die Daten über Postscript-RIP
übertragen werden.

Textverarbeitung

Desktop Publishing. Ursprünglich wurde mit diesem Begriff ein elektronisches System bezeichnet, mit dem einfache Drucksachen gestaltet und mit einem Laserdrucker in bescheidener Qualität ausgedruckt werden können. Heute hat DTP die Funktion einer professionellen Satzanlage übernommen, mit der auch Bildbearbeitung ausgeführt werden kann. Setzereien, die damit arbeiten, firmieren bereits als *Computersatzbetrieb* für *Computer Publishing*. Alle Operationen werden sofort auf dem Farbbildschirm sichtbar und können dadurch kontrolliert werden. Das wird als *WYSIWYG* (»What you see is what you get«) bezeichnet. Für die mehrfarbige Bildverarbeitung wird der Begriff *Color Publishing* verwendet.

Die bislang geschlossenen DTP-Systeme wurden von offenen Systemen abgelöst. Eine Workstation kann mit jedem beliebigen Belichter und jedem Scanner, selbst Hochleistungs-Trommelscannern, verbunden werden.

Hardware. Zur Hardware zählen Bildschirmterminal, Rechen- und Speicherwerk, Tastatur mit Maus, Scanner, Laserdrucker. Zur Belichtung mit einem postscriptfähigen Laserdrucker oder Laserstrahlbe-

44 Texterfassung/Textverarbeitung/Satzherstellung

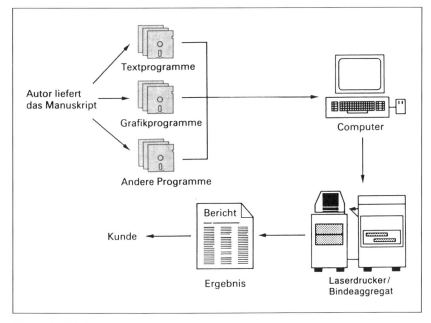

Schema der Arbeitsweise mit DTP

lichter ist ein RIP (Raster Image Processor) notwendig. Mit dem RIP werden die digital gespeicherten, komplett berechneten Daten aus dem Rechner für die Wiedergabe von Pixeln aufbereitet. Wichtig für die Leistungsfähigkeit eines professionellen DTP-Systems ist eine genügend große Speicherkapazität. Die Festplatte sollte einen 1000-MB-Speicher haben. Ein farbiger hochauflösender Großbildschirm erlaubt auch die vollständige Darstellung größerer Seiten.

Betriebssystem. Das Betriebssystem steuert die Anlage und ist die Basis für alle Rechenvorgänge. Die wichtigsten sind *MS-DOS* von IBM, *Apple* von Apple Macintosh und *UNIX*.

Textprogramme. Diese Programme unterstützen die Aufbereitung der eingegebenen Daten zur Satzgestaltung. Dazu zählen *MS-Word, Wordperfect, Wordstar* u. a. Es können nicht alle Verarbeitungsmöglichkeiten aufgeführt werden.
   Die Vorschriften der Satzanweisung werden über das System ausgeführt. Das geschieht automatisch, falls der Text bereits codiert eingegeben wurde. Dazu gehören beispielsweise die *Textauszeichnung* wie Größe und Schriftart der Überschriften und die *Textanordnung* wie Block- oder Flattersatz.

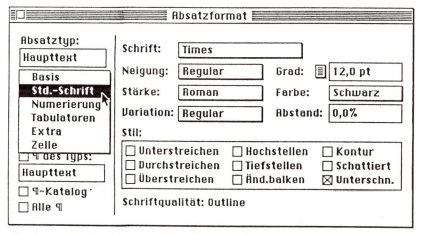

Bildschirmmaske »Absatzformat« von »FrameMaker/Macintosh«

Das *Silbentrennprogramm* nach grammatikalischen (sprachlogischen) Regeln trennt automatisch im Blocksatz am Zeilenende die Wörter nach Trennfugen, z. B. dünn-flüs-sig, falls eine Trennung

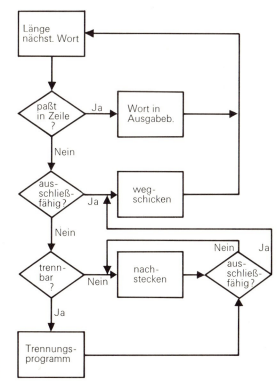

Schema der programmierten Silbentrennung

nicht zu vermeiden ist, nicht aber nach sinnvollen Regeln, z. B. dünnflüssig. Es erfaßt etwa 98 Prozent aller Fälle. In einem Ausnahmelexikon werden Sonderfälle erfaßt, z. B. im medizinischen oder altsprachlichen Bereich: etwa Ana-gramm, An-ako-luth.

Mit einem *Rechtschreibeprogramm* können Erfassungsfehler automatisch korrigiert werden. Dazu wird der Text mit einem eingespeicherten Wörterbuch auf Dudenbasis abgeglichen, z. B. *Lei*bibliothek wird zur *Leih*bibliothek.

Mit einem *Ausschließprogramm* werden weitgehend einheitliche Wortabstände im Blocksatz erzielt.

Das *Ästhetikprogramm* sorgt für einen typografisch sauberen Ausgleich bei bestimmten Buchstabenkombinationen, z. B.»We«,»fl«.

Grafikprogramme. Mit diesen Programmen können Grafiken und Diagramme (Business Graphics) ohne über den Weg einer vom Grafiker angelegten Reinzeichnung ein- und mehrfarbig gestaltet werden. Dazu zählen *Freehand, Illustrator, Designer* u. a. Die Programme bieten zum Aufbau der Abbildungen das dazu notwendige »Hand-

Darstellung von Gafiken auf dem Bildschirm zur Bearbeitung, hier »Quadra« von Macintosh

werkszeug«. Dazu zählen Rechtecke, Rhomben, elliptische Bogen usw. Vorgegebene Raster jeder Art können eingezogen werden. Raumperspektiven sind darzustellen oder Farbverläufe anzulegen. Eine für die Ausführung der Arbeiten komfortable PC-Bedienung bietet *Windows* von Microsoft. Die so erzeugten Abbildungen werden als *Computergrafik* bezeichnet.

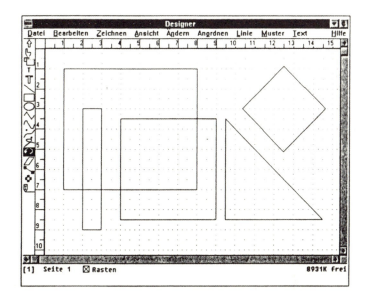

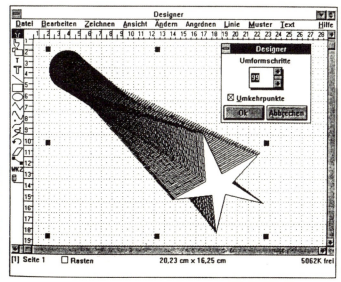

Aufbau von Grafiken mit dem Programm Mikrografx Designer über Window 3.1.«. Oben: Aus vorgegebenen Figuren können neu gestaltet werden. Unten: Grafiken können beliebig »verfremdet« werden.

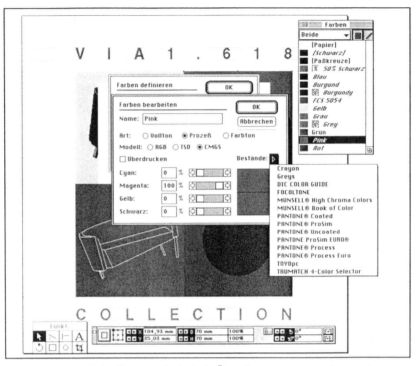

Das Programm PageMaker (System 5.0) erlaubt die Übernahme von genormten Farben wie Pantone und die Anwendung für die Gestaltung von Abbildungen.

Über das Druckdialogfeld »Farbe« werden die Optionen zum Drucken von Farbauszügen mit PageMaker gesteuert. Nach dem Aktivieren von »Farbauszüge« wählt man die zu druckenden Farben und die gewünschten Rasterwerte.

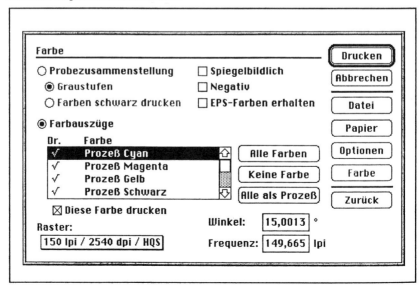

Textverarbeitung

Bildbearbeitungsprogramme. Mit ihrer Hilfe können eingescannte Vorlagen mannigfaltig bearbeitet werden. Dazu zählen *Photo Mac, Image Studio* u. a. Zu den Bearbeitungsmöglichkeiten, die nicht alle aufgezählt werden können, gehört vor allem die *Retusche*, wie sie auch die EBV

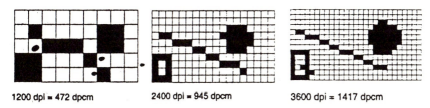

1200 dpi = 472 dpcm   2400 dpi = 945 dpcm   3600 dpi = 1417 dpcm

Teildarstellung verschiedener dpi-Größen

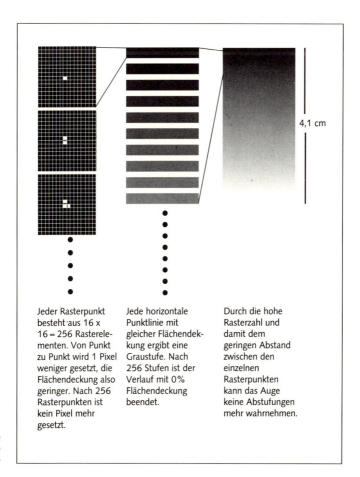

Jeder Rasterpunkt besteht aus 16 x 16 = 256 Rasterelementen. Von Punkt zu Punkt wird 1 Pixel weniger gesetzt, die Flächendeckung also geringer. Nach 256 Rasterpunkten ist kein Pixel mehr gesetzt.	Jede horizontale Punktlinie mit gleicher Flächendeckung ergibt eine Graustufe. Nach 256 Stufen ist der Verlauf mit 0% Flächendeckung beendet.	Durch die hohe Rasterzahl und damit dem geringen Abstand zwischen den einzelnen Rasterpunkten kann das Auge keine Abstufungen mehr wahrnehmen.

Aufbau eines Rasterverlaufes auf Pixelebene

50 Texterfassung/Textverarbeitung/Satzherstellung

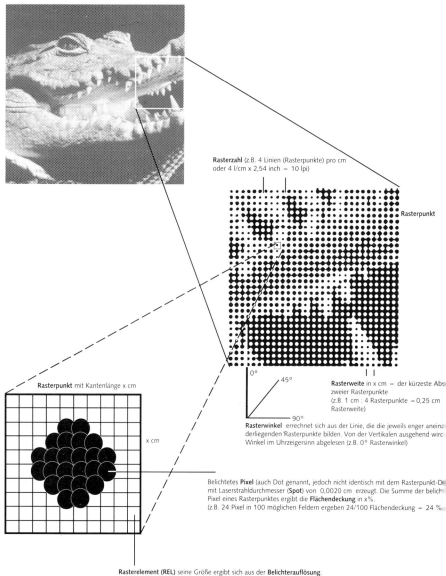

Gerastertes Halbtonbild

Rasterzahl (z.B. 4 Linien (Rasterpunkte) pro cm oder 4 l/cm x 2,54 inch = 10 lpi)

Rasterpunkt

Rasterpunkt mit Kantenlänge x cm

x cm

0° 45° 90°

Rasterweite in x cm = der kürzeste Abs zweier Rasterpunkte
(z.B. 1 cm : 4 Rasterpunkte = 0,25 cm Rasterweite)

Rasterwinkel errechnet sich aus der Linie, die die jeweils enger aneina derliegenden Rasterpunkte bilden. Von der Vertikalen ausgehend wirc Winkel im Uhrzeigersinn abgelesen (z.B. 0° Rasterwinkel)

Belichtetes **Pixel** (auch Dot genannt, jedoch nicht identisch mit dem Rasterpunkt-D mit Laserstrahldurchmesser (**Spot**) von 0,0020 cm erzeugt. Die Summe der belich Pixel eines Rasterpunktes ergibt die **Flächendeckung** in x%.
(z.B. 24 Pixel in 100 möglichen Feldern ergeben 24/100 Flächendeckung = 24 %

Rasterelement (REL) seine Größe ergibt sich aus der **Belichterauflösung**.
Je höher die Belichterauflösung umso kleiner werden die RELs.
(z.B. 2400 dpi = 945 d/cm . Auf 1 cm werden von dem Belichter 945 Pixel nacheinander gesetzt. Die Kantenlänge eines RELs beträgt dann:
1 cm : 945 = 0,001 cm)

Darstellung des Ablaufes von der Halbtonvorlage zur Pixelebene. Die Vergrößerung in der Mitte zeigt, daß sich ein Halbtonbild für den Druck aus unterschiedlich großen Rasterpunkten aufbaut. Eine weitere Vergrößerung zeigt unten den Aufbau eines Rasterpunktes aus einzelnen Pixeln.

anbietet. Einzelne Bildteile können auf dem Bildschirm bis zur Pixelebene geholt und vergrößert zur Bearbeitung dargestellt werden. So können beispielsweise kleine Verschmutzungen durch Tilgen oder Verkleinern der betreffenden Pixel beseitigt werden. Aus *Pixel* (Picture element) sind die einzelnen Rasterpunkte aufgebaut. Die Anzahl der Pixel wird in *dpi* (Dots per Inch) ausgedrückt. Ein Inch ist 2,54 cm lang. Die Anzahl der dpi bestimmt die Schärfe der Bildwiedergabe.

Weitere Bearbeitungsmöglichkeiten können beispielsweise sein: Beseitigen eines Bildhintergrundes (Freistellung), Kontern, Vergrößern und Verkleinern, Verdoppeln oder Abbildungen miteinander verschmelzen.

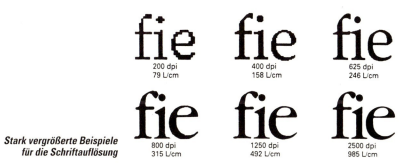

Stark vergrößerte Beispiele für die Schriftauflösung

Bildschirmmaske von »Pagemaker« mit eingezeichneten typografischen Angaben

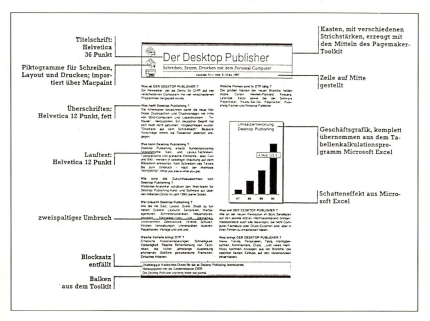

Gestaltungsbildschirm mit gescanntem Seitenlayout (rechts) zum Einbau von Schrift und Abbildungen in die vorgegebenen Felder

Layoutprogramme. Mit diesen Programmen wird die Seitengestaltung eines Druckwerkes vorgenommen. Dazu zählen *Pagemaker, QuarkXPress, Ventura Publisher* u. a.

Verschiedene Textgruppen wie Fließtext, Formeln, Fußnoten und Tabellen können einander richtig zugeordnet werden. Texte und Abbildungen mit den dazugehörigen Legenden lassen sich zueinanderstellen. Um die *elektronischen Montage-* und *Umbrucharbeiten* zu erleichtern, werden Seitenaufrisse eingegeben, in deren vorgegebene Felder die einzelnen Elemente einzupassen sind.

Diese Arbeitsweise hat weitgehend die manuelle Montage mit einzelnen Filmteilen abgelöst. Gespeichert lassen sich alle Seiten immer wieder für eine Neubearbeitung aktivieren, z. B. mit aktualisierten Texten und Bildern *(Datenmehrfachnutzung)*.

Satz- und Bildbelichtung

Was bisher als »Setzen« bezeichnet wurde, die Belichtung auf Film für die einzelnen Druckverfahren, ist nur noch das letzte Glied einer langen Bearbeitungskette.

Seitenbeschreibungssprache. Eine Seitenbeschreibungssprache (Page Description Language =PDL), die Schriftzeichen und Grafiken beschreiben kann, ist zur geräteunabhängigen Ausgabe von Texten und Abbildungen notwendig. Dazu zählen auch Abbildungen mit Rasterflächen. Die Voraussetzung dafür ist ein postscriptfähiger Laserdrucker oder Laserstrahlbelichter. 1983 wurde dafür die Seitenbeschreibungssprache *Postscript* von der Firma Adobe entwickelt, die sich auf dem Anwendermarkt als Marktführer durchgesetzt hat. Alle Betriebssysteme (von Apple Macintosh oder IBM) können Daten in Postscript speichern und in die Ausgabegeräte übertragen.

Die Postscript-Beschreibung eines jeden Zeichens enthält alle Informationen, die für die Ausgabe notwendig sind, wie Schriftart, Schriftgröße und Schriftschnitt. Dazu kommen die Manipulationsmöglichkeiten zur Aufbereitung für eine gute typografische Wiedergabe wie Unterschneidungen, z. B. für die Buchstabenkombination »Wu«. Für alle Zeichen werden die Koordinatenpositionen der Linien und Bögen, aus denen sie sich aufbauen, genau definiert. So können

Schema der Postscript-Übertragung

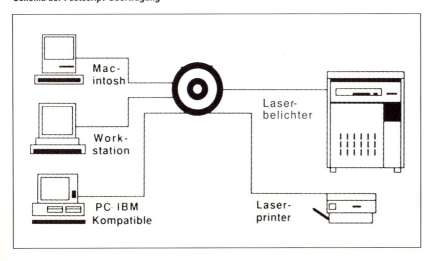

im hohen Auflösungsbereich stufenfreie Rundungen belichtet werden. Werden Schriftzeichen in sogenannte Grafikelemente umgewandelt, können diese beliebig verändert werden. Man kann Schattierungen hinzufügen oder Kippungen vornehmen. Gegenwärtig gibt es etwa 2000 Postscript-Schriftgarnituren.

Laserdrucker. Handelsübliche Laserdrucker (Laserprinter) haben gegenwärtig eine Auflösung von 300 bis 600 dpi, was der Anforderung an eine mittlere Druckqualität entspricht. Damit können beispielsweise Ausdrucke zum Korrekturlesen hergestellt werden. Er arbeitet nach dem Prinzip der xerografischen Kopie, d.h. die Schriften, Linien, Rasterpunkte usw., die auf das Papier gebracht werden sollen, werden auf *Pixelebene* zusammengestellt und bauen sich aus geschmolzenem *Toner* (Farbe) auf. Von einem Druck im engeren Wortsinn kann daher nicht gesprochen werden.

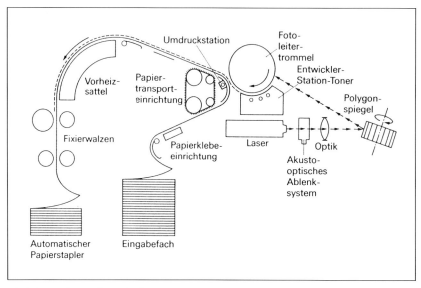

Die Arbeitsweise des Laserdruckers

Laserstrahlbelichter. Mit dem Laserstrahlbelichter lassen sich auf Pixelebene alle bearbeiteten Daten auf Fotopapier, z. B. für Korrekturzwecke, oder Film für die Druckformenherstellung belichten. Die digital gespeicherten Daten werden über einen *RIP* (Raster Image Processor) für die horizontale Belichtungsweise der Schriften und Bilder aufbereitet. Die Belichtung mit dem *Helium-Neon-Laser* ge-

Satz- und Bildbelichtung 55

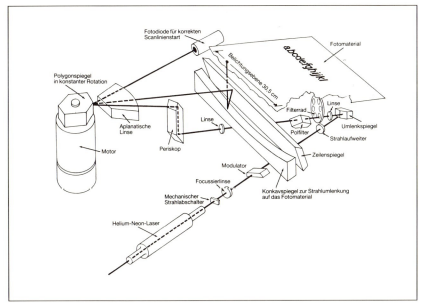

Die Arbeitsweise des Laserstrahlbelichters am Beispiel der Linotronic 330

schieht aus konstanten horizontalen Linien nicht buchstaben-, sondern flächenweise. Die vertikale Auflösung hingegen ist variabel.

Die Auflösung liegt zwischen 1200 und 3600 dpi, was schärfste Konturen erzeugt, die für einen hochwertigen Ausdruck notwendig sind. Die Leistung liegt bei 2 Millionen Zeichen in der Stunde. Nach der Belichtung durchläuft der Film eine vollautomatische *Entwicklungsmaschine*.

Schema der vertikalen Aufzeichnung der Scanlinien beim Laserstrahlbelichter

56 Texterfassung/Textverarbeitung/Satzherstellung

Laserstrahlbelichter

Mit dem Laserstrahlbelichter online verbundene automatisch arbeitende Filmentwicklungsanlage

> 1 **Handbuch der Druckt**
>
> 2 **Handbuch de**
>
> 3 **Handbuch der D**
>
> 4 **Handbuch der Drucktechni**
>
> 5 **Handbuch der Drucktechnik**
>
> 6 Handbuch der Drucktech
>
> 7 *Handbuch der Drucktech*

1 Originalschrift
2 mit Faktor 1,6 verbreitert
3 mit Faktor 1,3
4 mit Faktor 0,8 verengt
5 mit Faktor 0,65
6 Originalschrift
7 elektronisch kursiv

Beispiele für Schriftmodifikationen mit dem Laserstrahlbelichter

Direct-Verfahren. Mit dem *Computer-to-plate-Verfahren* und dem *Computer-to-press-Verfahren* werden die Daten als Schriften und Bilder direkt auf die Druckplatte ohne den Weg über den Film übertragen.

Plotter. Mit dem Plotter können großformatige Papiere beschrieben werden. Ein auf einer Brücke angebrachter Farbstift zeichnet in horizontaler Bewegung die im PC gespeicherte Grafik auf. Während der Aufzeichnung bewegt sich das Papier langsam vorwärts. Ein- und mehrfarbige technische Zeichnungen können damit sauber ohne gezackte Ränder und Bogen gezeichnet werden.

58 Texterfassung/Textverarbeitung/Satzherstellung

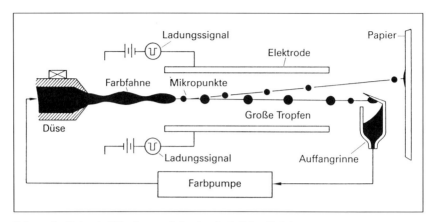

*Schema des Tintenstrahldruckers nach dem kontinuierlichen Verfahren.
In den Düsen sind die einzelnen Farben.*

Tintenstrahldrucker. Farbbilder können mit dem Tintenstrahldrucker auf das Papier gespritzt (»gedruckt«) werden. Mit dem auch *Ink Jet* genannten Verfahren werden die Farben aus Düsen in feinsten Tröpfchen auf das Papier geschleudert. Damit kann die Reproduktion eines Bildes zwar grob geprüft werden, einen echten Farbeindruck vermittelt dieses Verfahren jedoch nicht.

*Links: CD-ROM-Platte. Rechts: Konfiguration eines CD-ROM-Systems mit Bildschirm, ▷
PC mit CD-ROM-Laufwerk und Tastatur*

*Schema des »intelligenten« Warenwirtschaftssystems am Beispiel der Bertelsmann
Distribution. Es zeigt die Einsatzmöglichkeit von »Printing on Demand«.*

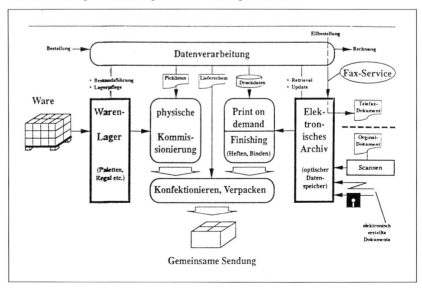

Computer Publishing

Unter diesem Begriff wird die Vervielfältigung von Texten und Bildern ohne die Anwendung der klassischen Druckverfahren zusammengefaßt.

CD-ROM. Daten können auch auf dem *digitalen Informationsspeicher* CD-ROM gespeichert vervielfältigt werden. Damit wird der Bereich der Informationsausgabe auf Papier verlassen. Die technische Entwicklung dieses Datenträgers und der Wiedergabe auf dem CD-ROM-Laufwerk ist weitgehend perfektioniert. CD-ROM ist die Abkürzung von *Compact Disc – Read Only Memory*. Die riesige Speicherfähigkeit von über 600 Megabyte, was 600 Millionen Zeichen entspricht, erlaubt die Edition umfangreicher illustrierter Nachschlagewerke auf einer Disk. Schon heute werden Lexika, die in gedruckter Form viele Bände umfassen, auf CD-ROM angeboten. Ein weiterer Vorteil ist die komfortable Suchautomatik, um gewünschte Begriffe schnell und zielsicher auf den Bildschirm zu bringen. Es würde den Rahmen dieses Buches sprengen, alle Möglichkeiten dieser Publikationsform aufzuzählen und zu bewerten.

Printing on Demand. Damit bezeichnet man den Druck auf konkrete Nachfrage. Die dafür eingesetzten Drucker arbeiten nach dem Laserdruckerprinzip. Mitteilungsblätter, Preislisten, Protokolle usw. können damit selbst in kleinen Auflagen schnell und auf dem aktuellen Stand vervielfältigt werden. Für den Druck wissenschaftlicher Texte, Kataloge usw. selbst in höheren Auflagen, für die Aktualität gefordert ist, gibt es Produktionsstraßen mit Stundenleistungen von 20 000 Seiten DIN-A4.

Die technologischen Voraussetzungen für diese Produktionsweise verbessern sich immer mehr. In kompakten Systemen werden die Drucksachen auch versandfertig geheftet oder als Broschur gebunden. Für einen rationellen Einsatz muß ein geeignetes *Warenwirtschaftssystem* von jedem Anwender entwickelt werden. Dieses umfaßt, beispielsweise für ein wissenschaftliches Heft, die Bedingungen vom Bestelleingang bis zur Auslieferung. Die technische Herstellung ist nur ein Teil. Wichtiger sind die logistischen Probleme: In welchen Zeitabständen werden die Daten aktualisiert? Wie können unterschiedlich eingehende Bestelleingänge gebündelt werden? Es können hier nicht alle Probleme aufgelistet werden.

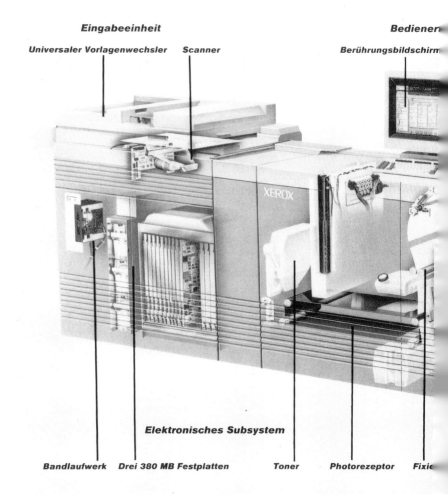

Datenspeicherung

Bearbeitete Daten können zur weiteren Verwendung gespeichert werden. So lassen sich beispielsweise in den Datenbestand Verbesserungen einarbeiten. Datenmehrfachnutzung liegt vor, wenn mit den Daten andere Druckwerke belichtet werden, z. B. eine Taschenbuchausgabe in kleinerer Schrift und verkleinertem Satzspiegel oder nur Auszüge aus dem Gesamtwerk veröffentlicht werden.

Schema einer Produktionsstraße für kleinere und mittlere Auflagen für den Einsatz von »Printing on Demand« auf der Basis des Laserdruckers. (Rank Xerox)

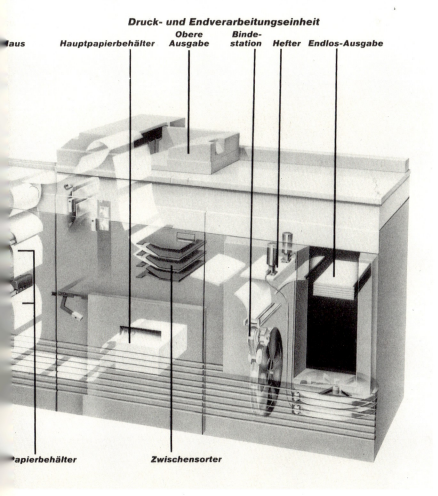

Der Reißer.

Ich bin ein Reißer frů vnd spet/
Ich entwůrff auff ein Linden Bret/
Bildnuß von Menschen oder Thier/
Auch gewechß mancherley monier/
Geschrifft/auch groß Versal buchstaben/
Historj / vnd was man wil haben/
Künstlich/daß nit ist außzusprechen/
Auch kan ich diß in Kupffer stechen.

Reproduktion und Bildverarbeitung

Bilder, besonders Farbbilder, haben in unserer visuell bestimmten Zeit einen hohen Stellenwert als Übermittler von Informationen. Für bestimmte Zwecke wird noch die Reproduktionskamera eingesetzt. Die Scantechnik hat dieses konventionelle Verfahren jedoch weitgehend abgelöst. Die gescannten Vorlagen werden mit Hilfe von elektronisch gesteuerten Bildbearbeitungssystemen für die Anforderungen des Druckes bearbeitet. Bilder und separat erfaßte, bearbeitete Texte können mit den Möglichkeiten der *elektronischen Bildbearbeitung (EBV)* oder des *DTP* zu ganzseitigen Druckseiten nach vorgegebenem Layout zusammenmontiert werden.

Wegen dieser Verzahnung der Arbeitsgebiete bieten immer mehr Setzereien auch Reproduktionsarbeiten an. Die manuelle Filmmontage wird kaum noch ausgeführt. Die angebotenen Leistungen im Reproduktionsbereich umfassen: Bilder scannen (rastern, Farbauszüge herstellen für Farbbilder); elektronische Bildverarbeitung (wie Bilder ineinanderarbeiten); Herstellung von Andrucken und Proofs; Bilder mit Texten nach einem Layout plazieren; Belichten auf Film für den Druck; Bilddatenspeicherung für die weitere Verwendung.

Vorlagen

Bei der Wiedergabe von Abbildungen ist zwischen ein- und mehrfarbigen Vollton- und Halbtonabbildungen zu unterscheiden.

Mögliche Vorlagen

		Halbton	Strich
Einfarbig			
	Aufsicht	Schwarzweiß-Fotos Bleistiftzeichnungen Lithographien Radierungen	Barytabzüge Schriften technische Zeichnungen Holzschnitte Federzeichnungen Stiche
	Durchsicht	Schwarzweiß-Diapositive Schwarzweiß-Filmnegative	Strichfilme
Mehrfarbig			
	Aufsicht	Papierabzüge von Farbfotos Gemälde Aquarelle Graphiken Farbstiche	farbig angelegte Strichzeichnungen vollflächige Graphiken
	Durchsicht	Farbdia	

Vorlagen für die Reproduktion von Strich- und Halbtonbildern

Volltonbilder. Vollton- oder Strichaufnahmen bestehen aus deckenden Flächen und Linien *ohne* Tonwertabstufungen. Der entwickelte Film ist transparent, die zu druckenden Bildelemente völlig deckend. Der Holz- und Linolschnitt, die Tuschzeichnung sowie die Radierung zählen dazu. Volltonbilder können einfarbig schwarz gedruckt werden oder Bildteile in Buntfarben bringen. Für mehrfarbige Volltonbilder müssen vom Grafiker die Vorlagen für die einzelnen Farben paßgenau mit Hilfe von Paßkreuzen übereinandermontiert werden und für die Aufnahme in der Reprokamera angelegt sein. Die Vorlage kann aber auch einfarbig gezeichnet werden mit genauer Farbangabe der einzelnen Teile. Von der gescannten Vorlage werden die einzelnen Farben separiert.

Strichbild einfarbig.
Drucker- und Verlegermarken zwischen 1457 und 1900

Halbtonbilder. Halbtonbilder zeigen stufenlose *Tonwertänderungen* von tiefem Schwarz bis zum Weiß des Papiers, von dunklen bis zu hellsten Farbtönen. Dazu zählen Fotografien, Aquarelle, Ölbilder, gestufte Bleistiftzeichnungen und Lithografien. Für die Reproduktion werden Fotoabzüge auf Papier (Aufsichtsvorlagen) oder Diapositive (Durchsichtsvorlagen) verwendet. Die Reproduktion direkt vom Original, z. B. einem Gemälde, wird nur in seltenen Fällen praktiziert; es wird für die Reproduktion farbrichtig fotografiert.

Der Halbtonfilm gibt die Bilder vom Weiß bis zum Schwarz wieder.

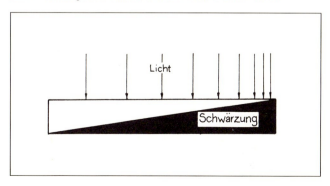

66 Reproduktion und Bildverarbeitung

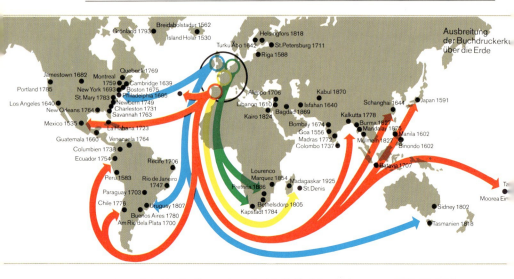

Strichbild mehrfarbig. Die Karte zeigt, wie sich die Buchdruckerkunst vom 16. bis 19. Jahrhundert weltweit verbreitete: durch die Engländer (Blau); durch die Portugiesen und Spanier (Rot); durch die Franzosen (Gelb); durch die Niederländer (Grün).

Links: Vierfarbiges Halbtonbild. Gezeigt werden Rohstoffe zur Herstellung von Druckfarben: Pigmente, Harze und Öle.

Rechts: Vierfarbiges Halbtonbild, das mit dem Programm PhotoShop am Computer erzeugt wurde.

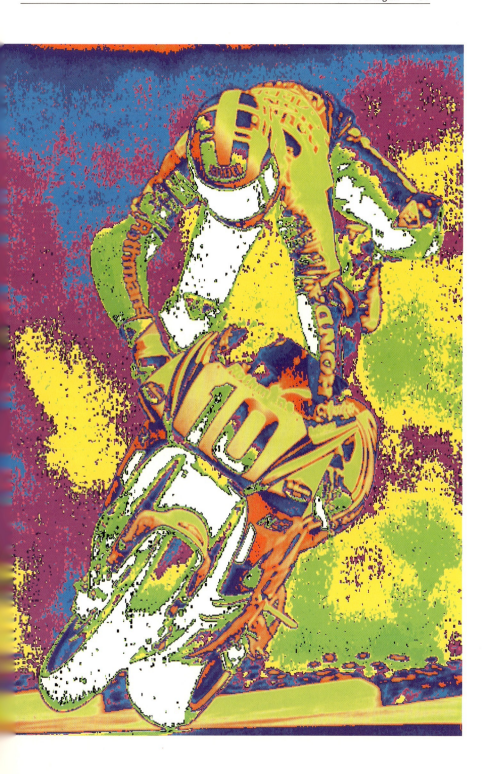

68   Reproduktion und Bildverarbeitung

Halbtonbild einfarbig.
Hafnerschüssel mit schlafendem Kind auf Totenkopf.
Neiße, um 1550

Als Reproduktionsvorlagen eignen sich für eine brillante Wiedergabe *Diapositive*, die eine größere Leuchtkraft der Farben und vielfältigere Tonwertabstufungen als Aufsichtsvorlagen wie z. B. Fotoabzüge auf Fotopapier mit geringem Dichteumfang haben. Größere Vorlagen als Kleinbilddias (24×36 mm) erlauben bessere Schärfe und Detailwiedergabe. Farbnegative sind wegen ihres geringen Dichteumfangs und wegen der schlechten Farbbeurteilung nicht für die Reproduktion geeignet.

Arbeitsvorbereitung zur Reproduktion

Zur Vorbereitung der Reproduktion müssen Bildgröße, Ausschnitt, Rasterweite, Farben und Auflagenpapier bestimmt werden.

Layout. Werden die Bilder zusammen mit anderen Bildern und gegebenenfalls mit Texten zu Druckseiten montiert, ist ein Layout für jede Druckseite notwendig. Ein Layout ist ein *Seitenaufriß*, in dem der Stand der Bilder mit den Bildunterschriften, der Textblöcke, Trennlinien, Symbole, Farben usw. entweder skizziert oder exakt einge-

Typografisches Rasternetz für ein reich illustriertes Buch

70 Reproduktion und Bildverarbeitung

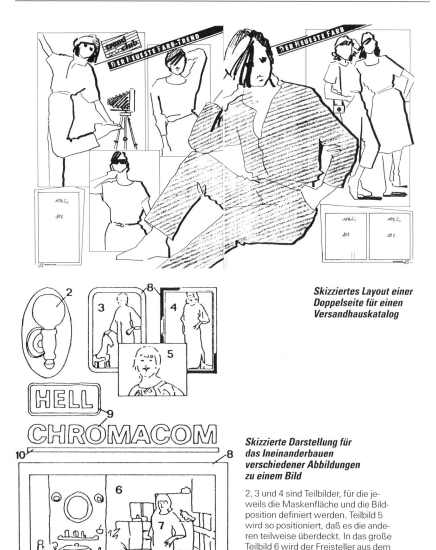

Skizziertes Layout einer Doppelseite für einen Versandhauskatalog

Skizzierte Darstellung für das Ineinanderbauen verschiedener Abbildungen zu einem Bild

2, 3 und 4 sind Teilbilder, für die jeweils die Maskenfläche und die Bildposition definiert werden. Teilbild 5 wird so positioniert, daß es die anderen teilweise überdeckt. In das große Teilbild 6 wird der Freisteller aus dem dritten Bild (7) einkopiert. Für die Rahmengestaltung (8) gibt man Linienstärke und Farbe in das System ein. Signet (9) und Headline (10) werden aus dem Speicher abgerufen und ebenfalls positioniert.

zeichnet ist. Für die elektronische Montage können diese Aufrisse in das DTP-System eingegeben und auf dem Bildschirm sichtbar gemacht werden, um die Montagearbeiten zu erleichtern. Gleichbleibende Gestaltungsraster für ein ganzes Werk können aber auch auf Papier gedruckt werden, um in die einzelnen Felder die Gestaltungselemente einzuzeichnen.

Vermaßen. Weil nur in seltenen Fällen die Größe der Vorlage der Bildgröße im Buch entspricht, muß die Größenveränderung in Prozent zur Originalgröße vorgegeben werden. Wenn 100% eine 1:1-Wiedergabe bezeichnet, bedeuten 125% eine Vergrößerung um ein Viertel. Zum Berechnen der Größe kann man sich einer logarithmischen Rechenscheibe bedienen, deren Verhältnisgleichung lautet:

$$\frac{\text{Größe der Vorlage}}{\text{Größe des Bildes im Druckwerk}} = \frac{100}{X}$$

Bildbreite der Vorlage 10 cm = 100%
Bildbreite im Buch 12,5 cm = 125%

*Rechts: Vorlage 1:1.
Unten: Abbildung um 25% vergrößert, bei gleichem Bildausschnitt.*

Die Vorlage wird um 25% bzw. auf 125% vergrößert.
Die errechnete Größenangabe wird im Scanner oder in der Kamera eingegeben.
Weil in den meisten Fällen nicht das ganze Bild, so wie es vom Fotografen aufgenommen worden ist, im Druckwerk abgebildet werden soll, muß in den Fällen ein exakter *Bildausschnitt* angegeben werden. Ein richtig bestimmter Bildausschnitt vermag unwesentliche Bildelemente zu tilgen und die wesentliche Bildaussage deutlich hervorzuheben.
Das Vermaßen erfordert Einfühlungsvermögen in den Bildinhalt und Kenntnis der veränderten Bildwirkung.
Außerdem muß der exakte *Bildausschnitt* angegeben werden, falls nicht das ganze Bild gedruckt werden soll.

Vorlage mit Ausschnittangabe

Abbildung mit neuem Ausschnitt

Arbeitsvorbereitung zur Reproduktion

Retuschen und Bildveränderungen. Reproduktionsvorlagen werden nur in seltenen Fällen manuell retuschiert. Farbkorrekturen können bereits am Datensichtgerät des Rotationsscanners mit der *WYSIWYG-Darstellung* oder über das System der elektronischen Bildbearbeitung ausgeführt werden. Elektronische Farbveränderungen und Retuschen der Vorlagen sind zeitaufwendig und damit teuer.

Rasterreproduktion. Echte Halbtöne der Fotografien können nicht im Hoch- und Flachdruckverfahren gedruckt werden. Um Tonwertabstufungen wiedergeben zu können, bedient man sich des Effekts der optischen Täuschung und zerlegt das Bild in *Rasterpunkte*. Diese sind je nach den Helligkeitswerten unterschiedlich groß.

Die Aufrasterung geschieht in der Reprokamera bei der Aufnahme durch das Zwischenschalten eines *Kontaktrasters*. Ein mit dem Rastergitter versehener Film wird direkt auf den zu belichtenden Film

Fein- und grobgerastertes Halbtonbild

74 Reproduktion und Bildverarbeitung

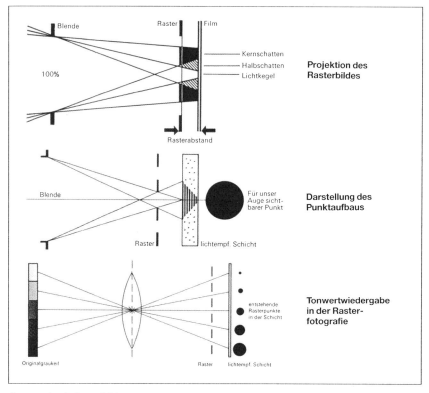

So entsteht ein Rasterbild

gelegt. Das von der Vorlage reflektierte Licht wird durch ein Rasterfenster geschickt. Wo eine größere Lichtmenge durch das Rasterfenster fällt, werden große Rasterpunkte auf dem Negativfilm erzeugt, wo schwaches Licht hindurchfällt, bilden sich kleine Rasterpunkte. Beim Positivfilm werden aus den großen Rasterpunkten kleine, die helle Bildtöne zu drucken erlauben, aus den kleinen Rasterpunkten werden große, mit denen die dunklen Bildtöne gedruckt werden. Die Punkte sind also je nach Helligkeit unterschiedlich groß.

Kontaktraster. Es gibt *Kontaktraster* mit unterschiedlichen Rasterzellen vom konventionellen Quadrat bis zur elliptischen oder rechteckigen Form. Bis zu einem 45%-Tonwert empfiehlt sich der runde Rasterpunkt, weil die Punkte, ohne sich zu berühren, nebeneinanderstehen. Bei etwa 45% bis 55% Tonwert sollte der Punkt in eine elliptische Form übergehen, um den ersten Punktschluß, also die Berührung der Rasterpunkte zu erreichen.

Arbeitsvorbereitung zur Reproduktion 75

Vorlage

Rasternegativ

Rasterpositiv

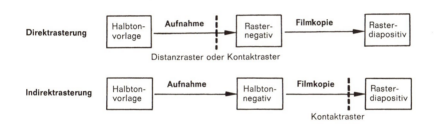

Standardarbeitsabläufe bei der Rasterreproduktion in der Kamera

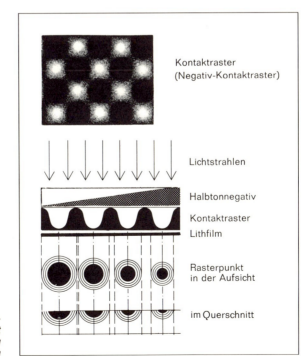

Schema der Rasterreproduktion mit Kontaktraster in der Kamera

Nur noch in wenigen Fällen werden Halbtonbilder in der Reprokamera reproduziert. Bei gescannten Abbildungen werden die Raster elektronisch erzeugt.

Distanzraster. Zur Rasterung in der Kamera kann auch ein *Distanzraster* verwendet werden, bei dem die Linien auf eine plangeschliffene Glasplatte eingraviert und lichtundurchlässig eingefärbt sind. Beim Scannen wird die Rasterung elektronisch erzeugt.

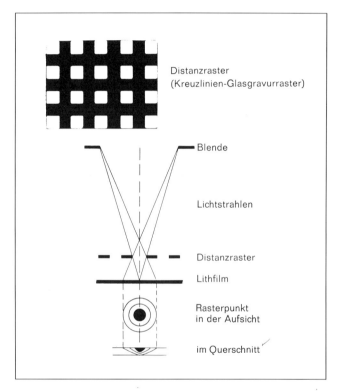

Schema der Rasterreproduktion mit Distanzraster

Moiré. Schwierigkeiten bietet die erneute Aufrasterung eines bereits gerasterten Bildes als Reproduktionsvorlage. Durch die Überlagerung des Rasters mit unterschiedlicher Winkelung ergibt sich ein stö-

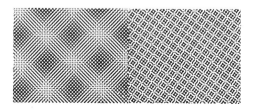

Moiré bei 5 Grad und 20 Grad Kreuzwinkelung mit zwei Rasterfolien

rendes *Moiré*. Dieses kann jedoch mit dem Einsatz von Strichdickenwandlern oder leicht unscharfer Aufnahme gemildert werden.

Effektraster. Besondere reizvolle Bildeffekte, beispielsweise für Werbeaufnahmen, können mit Korn-, Zirkel-, Linien-, Leinenstrukturraster oder anderen *Effektrasterarten* erreicht werden.

Rasterweiten. Je nach Vorlage und Oberflächenbeschaffenheit des zu bedruckenden Auflagenpapiers werden unterschiedliche *Raster-*

Links: Beispiel für ein Kornraster. Rechts: Beispiel für ein Linienraster.
Steinzeugkrug von Jan Emeus, Raeren 1568

weiten verwendet. Die Rasterweite nennt die Linien pro Zentimeter. Die gebräuchlichsten Rasterweiten sind:
28 bis 36 Linien/cm: für Papiere mit rauher Oberfläche (einfache Zeitungspapiere)
40 bis 56 Linien/cm: für maschinenglatte Papiere (Papiere u. a. für Bücher)
60 bis 100 Linien/cm: für satinierte und gestrichene Papiere (Papiere für Kunstbände)

Ein 40er Raster hat demzufolge 1600 Punkte pro Quadratzentimeter. Ein grober Raster verschluckt mit seiner geringen Punktzahl feine Tonwertabstufungen und kleine Bilddetails. Sehr feiner Raster kann die Bildwiedergabe flach erscheinen lassen, wenn dunkle Teile bei der Bildbearbeitung nicht zusätzlich verstärkt und helle Teile nicht aufgehellt werden.

Für sogenannte *technische Raster*, die in Flächen einzuziehen sind, können Raster in verschiedenen Abstufungen verwendet werden.

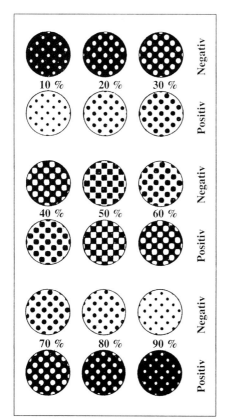

Rasterskala. Rastertonwerte in Stufen von 0% (Papierweiß) bis 90% (Vollton) zur Kontrolle von Plattenkopie und Druck

Rasterstufen eines Halbtonbildes. Silberleuchter von Josef Hoffmann, ca. 1910.
Oben links: 24er Raster. Oben rechts: 40er Raster.
Unten links: 54er Raster. Unten rechts: 70er Raster.

Gradation. Für die Reproduktion spielt die *Gradation* (Schwärzung) des fotografischen Materials eine wichtige Rolle. Bei der Reproduktion soll Ausgewogenheit zwischen hellen und dunklen Bildpartien hergestellt werden, wobei unterschiedliche Reprovorlagen auf einen Standard gebracht werden müssen. Man unterscheidet die Gradation in weich, normal und hart mit Zwischenstufen.

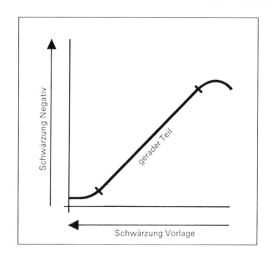

Typische Gradationskurve eines Halbtonbildes

Bildvorlage in drei Gradationsstufen.
Links: Normale Belichtung. Mitte: Dunkle Belichtung. Rechts: Helle Belichtung

Farbreproduktion

Mehrfarbige Volltonabbildungen werden mit sogenannten *reinen Farben* gedruckt. Dafür stehen z. B. die genormten Farbtöne nach dem HKS-Fächer oder Pantone-Normfarben zur Verfügung.

Detail eines HKS-Fächers mit genormten Druckfarben im Rotbereich

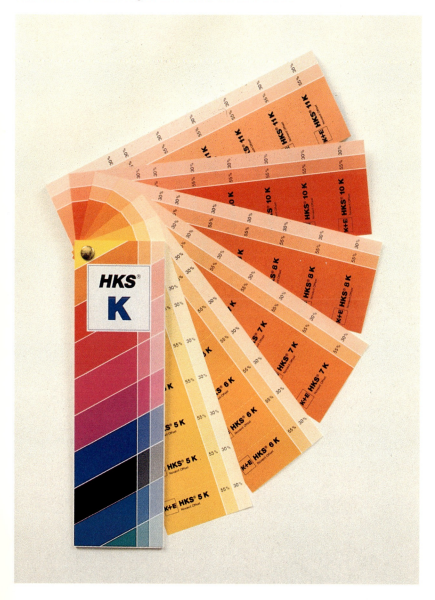

82 Reproduktion und Bildverarbeitung

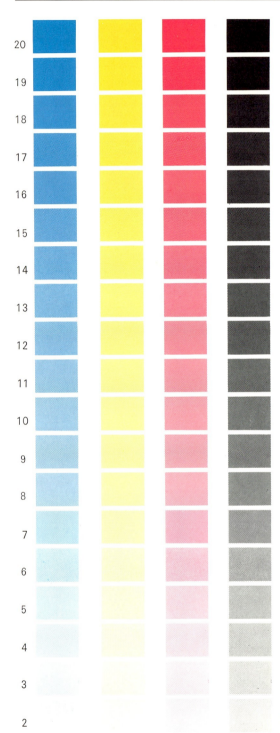

19stufiger Rasterkeil in den Skalenfarben für einen Vierfarbdruck

Für den Druck von Farbbildern wie Farbfotografien werden alle Farbtöne und Farbnuancen mit den drei Druckfarben Gelb (Yellow), Magenta (Purpurrot) und Cyan (Blaugrün) wiedergegeben. Dazu kommt Schwarz (Tiefe), um die neutralen Farbtöne zu stabilisieren und die Zeichnung zu verstärken. Es wird deshalb vom *Vierfarbendruck* gesprochen. Das Weiß gibt die weiße Färbung des Papiers.

Farbenlehre. Das menschliche Auge besitzt die Fähigkeit, Farbreize aufzunehmen. Mit den Stäbchen kann Schwarz-Weiß gesehen werden, mit den Zäpfchen werden Rot, Grün und Blau erkannt. Trifft ein Farbreiz unser Auge, so werden diese Rezeptoren unterschiedlich angeregt, damit im Gehirn der Farbeindruck eines Bildes entstehen kann. Man unterscheidet zwischen der additiven und der subtraktiven Farbmischung.

Schema der menschlichen Farbwahrnehmung

Die Grundfarben der *additiven Farbmischung* (Mischen von Lichtfarben) sind Rot, Grün und Blau. Werden sie übereinander projiziert, so addieren sie sich zu Weiß. Bestes Beispiel für diese Farbmischung ist der Farbfernseher, dessen Bild aus einer Vielzahl von rot, grün und blau leuchtenden Teilen aufgebaut ist. Rot, Grün und Blau werden als *Primärfarben* der additiven Farbmischung bezeichnet, aus denen sich alle anderen Farben eines Farbfotos aufbauen. Legt man die Lichtkegel von zwei Primärfarben übereinander, so entstehen die Sekundärfarben: Gelb aus Grün und Rot, Cyan aus Grün und Blau, Magenta aus Rot und Blau.

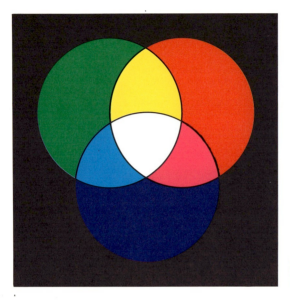

Additive Farbmischung:
Die drei Grundfarben ergeben zusammen Weiß.

Subtraktive Farbmischung:
Die drei Grundfarben ergeben zusammen Schwarz.

Die Grundfarben oder Körperfarben der *subtraktiven Farbmischung* sind Gelb, Magenta und Cyan. Übereinander projiziert ergeben sie Schwarz. Eine Körperfarbe ist nur dann zu sehen, wenn Licht darauf fällt. Trifft weißes Licht auf einen roten Körper, wird der grüne und blaue Anteil subtrahiert, d. h. abgezogen, der Körper erscheint uns als rot. Die Sekundärfarben mit ihren Komplementärfarben sind Rot aus Gelb und Magenta, Grün aus Gelb und Cyan, Blau aus Magenta

Farbreproduktion 85

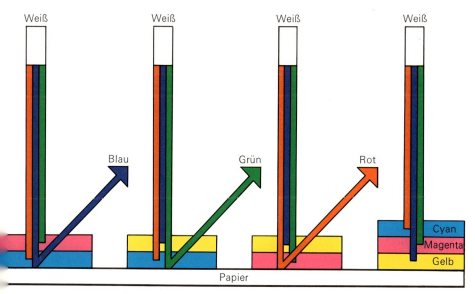

Schema der subtraktiven Farbmischung

und Cyan. Die Drucktechnik verwendet für den Vierfarbendruck die drei subtraktiven Farben Gelb, Magenta und Cyan. Dazu kommt Schwarz, was im optischen Sinne aber keine Farbe ist, und die weiße Farbe des Papiers.

Farbtemperatur. Bei der Bearbeitung und objektiven Beurteilung von Farbvorlagen, wie Dias und Andrucken, ist eine genormte Lichtquelle notwendig. Farben sehen im rötlichen Morgenlicht anders aus als im bläulichen Licht des Abends. Ähnlich verhält es sich mit Neonlicht und Glühlampenlicht. Die Lichtfarbe wird durch die Farbtemperatur angegeben. Die genormte Lichtquelle hat eine Farbtemperatur von 5000 Grad Kelvin, eine Glühlampe hingegen hat nur 2600 bis 3500 Grad Kelvin.

Einige Farbtemperaturen

Farbtemperatur	Lichtquelle
2600–3500 Grad K	Glühlampe
5000–6000 Grad K	mittleres Tageslicht, Xenonlampe, Kohlenbogenlampe
bis zu 16000 Grad K	Sonneneinstrahlung im Gebirge (Schnee)

Unbuntaufbau. Beim Vierfarbendruck werden die sogenannten unbunten, d. h. schwärzliche und graue Bildbestandteile durch Mischen der Komplementärfarben erzeugt. Beim Unbuntaufbau einer Mischfarbe werden die verschwärzenden Farbanteile durch Schwarz ersetzt (UCR = Under Color Removal). Man spricht von einer *polychromatischen Farbrücknahme (PCR)*. Braun z. B. entsteht dabei nicht wie beim Buntaufbau aus Gelb, Magenta und Cyan, sondern nur aus Gelb, Magenta und Schwarz; der Cyananteil ist im Schwarz enthalten. Das Resultat bringt eine größere Reinheit der Buntfarben, eine Steigerung der Bildschärfe, geringere Farbschwankungen beim Druck und bei hohen Auflagen Einsparung von Druckfarbe. Für den Unbuntaufbau werden Scanner eingesetzt, weil die dafür notwendigen komplizierten Rechenvorgänge vom Rechner leicht bewältigt werden können.

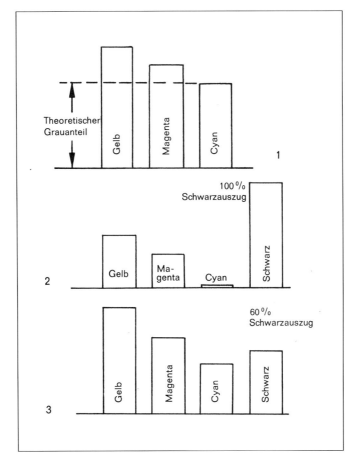

Schema des Unbuntaufbaus am Beispiel der Farbe Braun:
1. Dreifarbendruck. 2. Vierfarbendruck. Braun ohne Verwendung von Cyan.
3. Vierfarbendruck mit 50%-Reduktion der Grundfarben

Rasterwinkelung. Für die Farbwiedergabe und zur Vermeidung von Moiré ist die richtige *Rasterwinkelung* der einzelnen Farben notwendig, damit die Rasterpunkte der einzelnen Farben nicht über-, sondern im richtigen Verhältnis nebeneinander gedruckt werden. Im Normalfall betragen die Winkel für Gelb 0 Grad, für Schwarz 15 Grad, für Magenta 45 Grad und für Cyan 75 Grad. Die Winkelungen können bei Bedarf, z. B. einem Motiv mit vielen Fleischtönen, ausgetauscht werden. Nicht aus dem Quadrat aufgebaute Rasterpunkte verlangen andere Winkelungen. Für eine richtige Farb- und Detailwiedergabe sollte die Rastergröße nicht unter 48 Linien liegen.

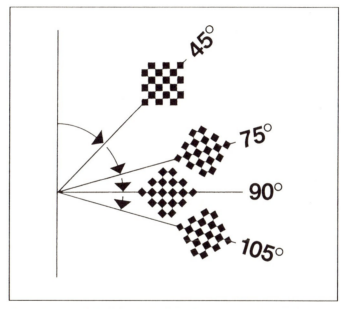

Rasterwinkelung beim Vierfarbendruck. Der Rasterwinkel wird definiert als jener Winkel, der sich aus der vertikalen Kante der jeweiligen Abbildung und der Diagonale durch die Ecken des Punktemusters ergibt.

Farbkorrektur. Für die Reproduktion wird eine *Farbkorrektur* gebraucht, weil es nicht möglich ist, absolut reine Druckfarben herzustellen. Jede Druckfarbe absorbiert Teile des Lichts, die sie eigentlich reflektieren sollte. Zum Beispiel absorbiert Magenta nicht nur wie gewünscht grünes Licht, sondern auch blaues Licht. Das Ergebnis ist daher so, als sei Magenta mit gelber Farbe »verschmutzt«. Um diesen visuellen Eindruck zu beheben, muß das Gelb in allen Magentapartien zurückgenommen werden. Scanner bieten die Möglichkeit, die durch die Mängel der Druckfarben bewirkte unerwünschte Absorption der Farben auszugleichen.

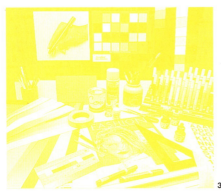

Farbreproduktion 89

Farbauszug. Die Farbentrennung in die Grundfarben geschieht durch *Farbfilter:*
Rotfilter für den Cyanauszug
Grünfilter für den Magentaauszug
Blaufilter für den Gelbauszug
Rot/Grün/Blaufilter für den Schwarzauszug.

1 Cyan
2 Magenta
3 Gelb
4 Dreifarbig: Cyan, Magenta, Gelb
5 Schwarz
6 Vierfarbig

1A Cyan
2A Magenta
3A Gelb
4A Dreifarbig: Cyan, Magenta, Gelb
5A Schwarz
6A Vierfarbig

Farbskala: Zusammendruck der Farben zum farbigen Druckbild.
Links: Normaler Farbauszug über Magnascan. Rechts: Farbauszug mit der Programmfunktion »polychromatische Farbrücknahme« (PCR)

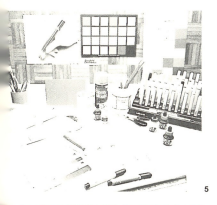
5

5A

6

6A

Densitometer. Zur Messung des Dichteumfangs von Reproduktionsvorlagen und von Andrucken dient als Meßwerkzeug ein *Densitometer* als Auflichtgerät. Für die Messung der einzelnen Farben beim Vierfarbendruck ist das Densitometer mit Grün-, Rot- und Blaufilter bestückt. Gemessen werden können die Felder des *Kontrollstreifens*, der auf dem Andruck auf Auflagenpapier mitgedruckt wird. Bei der Messung wird das reflektierte Licht über einen Fotomultiplier mit einem eingespeicherten Graukeil verglichen. Die gemessenen Werte erhält der Drucker zur Maschineneinrichtung und Überwachung des Fortdrucks.

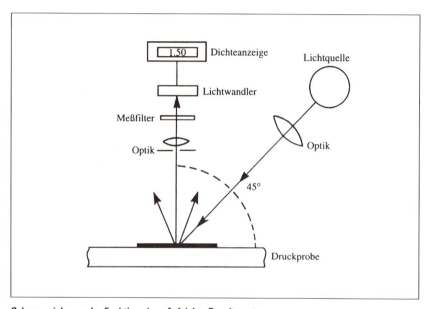

Schemazeichnung der Funktion eines Aufsichts-Densitometers

Kontrollstreifen für die Farbmessung und Offsetplattenkopie (FOGRA)

Reproduktionsfotografie

Reproduktionskamera. Reproduktionskameras werden nur noch zur Herstellung von Schwarz-Weiß-Bildern und für die Aufnahmen von großformatigen Vorlagen, die sich nicht scannen lassen, eingesetzt. Neben Geräten bis zu 80×80 cm gibt es auch kleine Kompaktgeräte,

Oben: Reprokamera in Horizontalbauweise für die Reproduktion großformatiger Vorlagen
Unten: Schemazeichnung einer Horizontalkamera

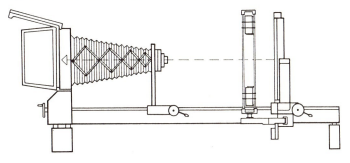

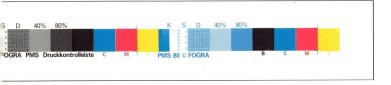

die mit Filmrollen arbeiten. Zu der Kamera gehört eine Entwicklungsmaschine für die Filmentwicklung, die hintereinander entwickelt, fixiert, wässert und trocknet. Vergrößerungsgeräte erlauben die Filmherstellung für großformatige Drucksachen wie Plakate. Zum Belichten werden extrem helle Xenonlichtquellen verwendet.

Kontaktkopiergerät. Im Kontaktkopiergerät werden Negativfilme zu Positivfilmen umkopiert. Der Maßstab bleibt aber immer 1:1.

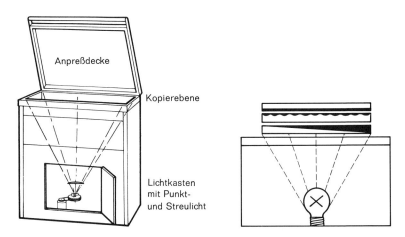

Schemazeichnung eines Kontakt-Kopiergerätes. Im Lichtkasten ist die Punktlichtquelle mit einem Verlauffilter zur gleichmäßigen Ausleuchtung sichtbar.

Filmmaterial

Der fotografische Film. Der reprotechnische Film besteht aus einer transparenten *Trägerschicht*, auf die die *Emulsionsschicht* mit den lichtempfindlichen Bromsilberteilchen aufgebracht wird. Zwischen Träger- und Emulsionsschicht sorgt eine *Haftschicht* für eine einwandfreie Verbindung. Die Emulsionsschicht ist nach außen mit einer *Schutzschicht* überzogen, die sie gegen mechanische Verletzungen schützt. Auf der Rückseite der Trägerschicht verhindert die *Rückschicht* das einseitige Einrollen des Films. Sie besteht aus einem Farbstoff, der Reflexionen bei der Belichtung verhindert.

Lichtempfindlichkeit. Die bei Amateurfilmen üblichen Angaben DIN oder ASA gibt es bei Lithofilmen nicht. Diese sind nur gering lichtempfindlich und brauchen daher relativ lange Belichtungszeiten. Dafür bieten sie den Vorteil feinster Silberkornverteilung und damit ho-

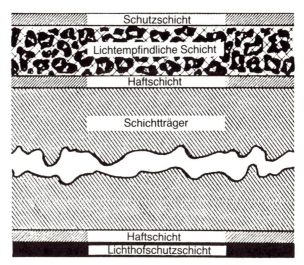

Schemazeichnung eines Filmquerschnittes

hes Auflösungsvermögen. Mit der Zunahme der Lichtempfindlichkeit nimmt auch die Korngröße zu.

Farbempfindlichkeit. An Lithofilme werden an die Empfindlichkeit gegenüber Licht unterschiedlicher Länge hohe Anforderungen gestellt, damit feinste Grauabstufungen und unterschiedliche Farbtöne sowie deren Abstufungen, die ebenfalls in den entsprechenden Grauwerten erscheinen, wirklichkeitsgetreu wiedergegeben werden. Für Schwarz-Weiß-Abbildungen wird orthochromatisches Filmmaterial verwendet, das für Rot unempfindlich ist, daher unter dem roten Licht der Dunkelkammer bearbeitet werden kann. Für Farbreproduktionen wird panchromatisches Filmmaterial eingesetzt, das für alle Farben sensibilisiert ist.

Entwickeln. Damit wird der chemische Vorgang bezeichnet, mit dem das durch Lichteinwirkung beim Belichten auf die lichtempfindliche Schicht entstandene nicht sichtbare, latente Bild durch den Entwickler hervorgerufen und sichtbar gemacht wird. Bei diesem Prozeß wird das beim Belichten frei gewordene Brom vom Entwickler herausgelöst und metallisches Silber in feinster körniger Form gebildet. Das Silber bleibt dabei als schwarzer Niederschlag in der Gelatineschicht und ergibt das Bild. Beim sich anschließenden *Fixieren* werden die unbelichteten, lichtempfindlichen Bromsilberteile aus der Gelatine mit Fixiernatron entfernt, um einen klaren Film zu erhalten. Nach dem Fixieren wird beim *Wässern* das noch in der Gelatine vorhandene Fixiernatron herausgewaschen.

Scantechnik

Flachbettscanner und ähnliche Bildaufzeichnungsgeräte werden im Satzkapitel unter DTP beschrieben.

Rotationsscanner. Scanner setzen zum wirtschaftlichen Einsatz ein Höchstmaß an *Standardisierung* der Vorlagen voraus. Von großformatigen und nicht scanfähigen Vorlagen wie z. B. Originalgemälden werden farbgetreue Diapositive hergestellt. In Rotationsscannern werden vor allem Farbvorlagen für die Anfertigung von *Farbauszü-*

Schema des Funktionsprinzips eines Rotationsscanners

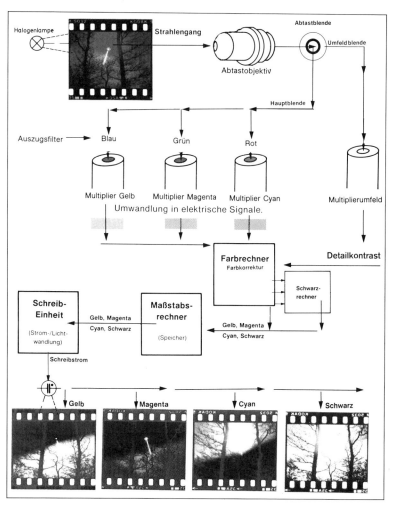

Scantechnik

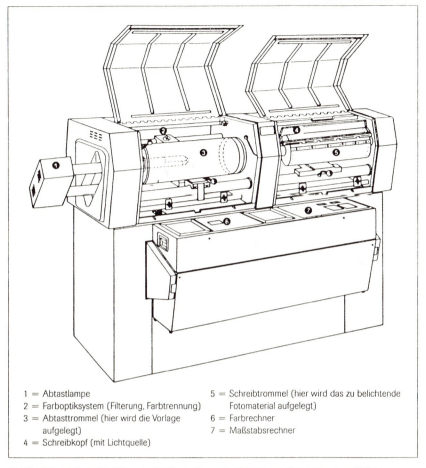

1 = Abtastlampe
2 = Farboptiksystem (Filterung, Farbtrennung)
3 = Abtasttrommel (hier wird die Vorlage aufgelegt)
4 = Schreibkopf (mit Lichtquelle)
5 = Schreibtrommel (hier wird das zu belichtende Fotomaterial aufgelegt)
6 = Farbrechner
7 = Maßstabsrechner

Das Funktionsprinzip des Scanners ist die punkt- und zeilengenaue Abtastung einer Vorlage und deren digitale Speicherung zur Erstellung von Farbauszügen.

gen gescannt. Schwarz-Weiß-Vorlagen hingegen werden häufig von Scannern reproduziert, die DTP-Systemen angeschlossen sind.

Die Vorlage – Aufsichts- oder Durchsichtsvorlage – wird auf die *Abtasttrommel* gespannt. Ein *Schreibkopf* tastet die Vorlage auf der gleichmäßig rotierenden Trommel zeilenweise ab. In der *Empfängeroptik* wird der Lichtstrahl durch die *Farbauszugsfilter* Blau, Grün und Rot in die Farben Gelb, Magenta und Cyan zerlegt. Jeder dieser drei Teilstrahlen trifft auf einen *Fotomultiplier*, der die schwachen Lichtsignale verstärkt. Der Strom wird in der *Schreibeinheit* zum Laserlicht für das Beschreiben der Filme mit den vier Farbsätzen umgewandelt. Die Farbsätze für Hoch-, Flach- und Tiefdruck werden zur gleichen Zeit auf der *Schreibtrommel* hergestellt.

96   Reproduktion und Bildverarbeitung

Platzsparender Vertikaltrommel-Scanner speziell für DTP-Anwendung

Kleinbildscanner für Diapositive oder Negative (Agfa)

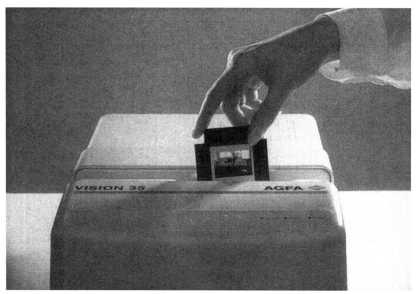

Scantechnik 97

EBV-Systeme arbeiten zunehmend mit getrennten Einheiten für Bilderfassung und -ausgabe. Der Rotationsscanner im Bild ist mit dem Belichter sowie mit Stationen zur Scanvorbereitung, Farbkorrektur und Montage verbunden. (Hell)

Der *Operator* gibt die Rastergröße und die prozentuale Vergrößerung bzw. Verkleinerung an. Der *Rasterpunkt* wird elektronisch erzeugt, es ist daher kein Kontaktraster notwendig. Schon vor dem Scannen können *Gradationen* zwischen hell und dunkel, hart und weich eingestellt werden. Auch generelle *Farbkorrekturen* wie Rücknahme von Farben bei ungenügend aufgenommenen Vorlagen sind möglich. Von den Herstellerfirmen gibt es Standardprogramme für unterschiedliche Raster, Farb- und Gradationskorrekturen, optimale Rasterwinkelungen, Unbuntaufbau, u. ä.

98 Reproduktion und Bildverarbeitung

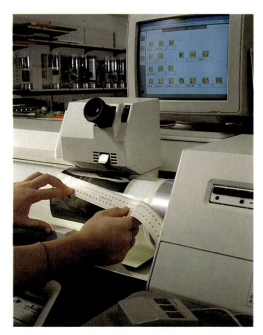

Stationen der Scan-Einstellung mit der Offline-Eingabe aller für die Scannung notwendigen Daten. Die Einstellung erfolgt aus zeitsparenden Gründen nicht mehr online am Scanner. (Hell)

Unten: Rechnergesteuerte Farbkorrekturstation, die mit dem Scanner online verbunden ist. Damit können die unterschiedlichen Druckverfahren am Bildschirm simuliert und gezielt Farbkorrekturen vor der Filmaufzeichnung ausgeführt werden. (Hell)

Die bei der herkömmlichen Reproduktion mit der Kamera notwendige aufwendige *Maskierung* bei Vierfarbbildern, um mit den ungenügenden Druckfarben einen vorlagengetreuen Druck zu erzielen, wird elektronisch vorgenommen.

Korrekturstation. Auf dem hochauflösenden Farbbild-Monitor kann vor dem Aufzeichnen der Filme das spätere Reproduktionsergebnis mit den Farben wie beim späteren Druck sichtbar gemacht werden. Es lassen sich Farbkorrekturen ausführen, Farbstiche beseitigen, Unschärfen beheben, Gradationsfehler ausgleichen, um nur einige Beispiele zu nennen. Die Bearbeitung kann bis auf die Pixel-Ebene hinab geführt werden. Für diese Arbeiten stehen geeignete Standardprogramme zur Verfügung. Bildanschlüsse von doppelseitigen Bildern können absolut paßgenau hergestellt werden.

Beispiel für eine Farbkorrektur.
Links: Vorlage mit rotem Farbstich im großen Segel.
Rechts: Das korrigierte Reproergebnis (Crosfield)

Elektronische Bildverarbeitung

Es ist Ansichtssache, ob man die Arbeit mit der *Korrekturstation* der elektronischen Bildverarbeitung zurechnet oder sie als Vorstufe bezeichnet. Im engeren Sinne versteht man unter EBV *Bildmanipulationen* – abweichend von der Vorlage – und die *Seitenmontage*, zusammen mit getrennt erfaßten Texten und gegebenenfalls Schwarz-Weiß-Bildern, vor allem im Bereich reich illustrierter farbiger Drucksachen.

Kommunikationssystem in beiden Richtungen zwischen DTP und EBV am Beispiel des CCMac-Systems (Bildschirm rechts)

Eine weitere Möglichkeit der Bildbearbeitung bietet die Eingabe der gescannten Bilddaten in ein *DTP-System*. Die Bilder können entweder vollständig bearbeitet übergeben werden, um sie mit der Hilfe eines Layoutprogramms zum Seitenaufbau zusammen mit Texten zu benutzen. Sie können aber auch in der DTP-Anlage bearbeitet werden. Wie bereits im Kapitel über den Satz beschrieben, verwischen sich zunehmend die Grenzen zwischen Satz und Reproduktion. Für die für die Bearbeitung notwendige Zwischenspeicherung der farbigen Bilder wird hohe Speicherkapazität benötigt.

Einzelfunktionen wie Bild Retuschieren, Seitenplanung, Tonflächenpositionierung, Setzen und Herstellen von Farbauszügen können mit dem Studio-System von Crosfield auf einen Arbeitsplatz konzentriert werden.

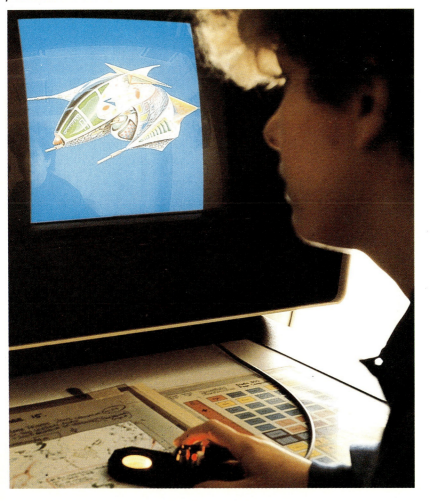

102 Reproduktion und Bildverarbeitung

Hier gilt es, der Dame eine »rosarote Brille« (mit Farbverlauf in den Brillengläsern) aufzusetzen.

Zuerst wird automatisch die Maske der Brillengläser erzeugt.
Die Maske wird dabei vom Rechner durch einen Konturensuchlauf erstellt.

Die Tonwerte für den Verlauf in der Maskenfläche werden eingegeben.

Der mit der Maske freigestellte Bildausschnitt wird in die ursprüngliche Position eingeschoben...

...und der Rechner übernimmt das lasierende Überlagern von Augen und Verlauf in den Brillengläsern.

So kann man mit der EBV Abbildungen retuschieren. (Hell)

Beispiele für das Ineinanderkopieren verschiedener Bildinhalte durch die Funktion »Mischen« und für das einseitige »Verzerren«. Ein Bild läßt sich so mit dem Layout in Einklang bringen, ohne daß es neu abgetastet werden muß. (Crosfield) ▷

Elektronische Bildverarbeitung 103

Bildbearbeitung. Aus der Fülle der Möglichkeiten der Bildbearbeitung können nicht alle genannt werden. Einige davon sind: Seitenumkehrung (kontern), Freistellung (Bildhintergrund wegnehmen), mehrere Bilder mit Texten und Grafiken ineinanderkopieren, Farbwechsel von einzelnen Bildteilen, elektronische Airbrush-Spritzung (z. B. Verläufe spritzen) usw. Die einzelnen Arbeiten werden mit einem *Cursor* gesteuert, das Ergebnis wird sofort auf dem Bildschirm dargestellt. Für standardisierte Arbeiten gibt es vorbereitete Programme.

Seitenmontage. Für die elektronische Seitenmontage ist ein Layout notwendig, das die von Bildern und Schriften einzunehmenden Räume exakt mit *Rahmen* markiert. Dieser kann eingegeben und auf dem Monitor sichtbar gemacht werden. Die Montage setzt einen leistungsfähigen *Massendatenspeicher* voraus, auf dem die bearbeiteten Bilder zwischengespeichert werden können, bis sie für die Montage aufgerufen werden. Dazu kommt ein *Montagetisch* mit grafischem Tablett und mit einem Cursor (z. B. Fadenkreuz-Cursor) zur Ansteuerung und Plazierung der einzelnen Seitenelemente, der mit dem Bildschirm online vernetzt ist.

Farbprüfverfahren

Das Reproduktionsergebnis läßt sich bis zu einem gewissen Grad auf dem Bildschirm darstellen. Der Drucker benötigt jedoch Vorlagen, nach denen er die Druckmaschine einrichten kann.

Andruck. Der Andruck ist die sicherste, aber auch kostspieligste Art der Herstellung von Vorlagen zur Farbabstimmung beim Einrichten der Maschine. Andrucke werden auf Auflagenpapier unter Angleichung an die Fortdruckbedingungen hergestellt. Dazu gibt es spezielle *Andruckmaschinen,* z. B. Flachbettmaschinen für den Offsetdruck. Für jede Farbe muß eine eigene Druckplatte kopiert werden, deshalb stellt man möglichst viele Bilder auf einer *Andruckform* zusammen.

Der Andruck gibt Aufschluß über die Passergenauigkeit und die Farbrichtigkeit der einzelnen Bilder. An einem dazumontierten *Kontrollstreifen* kann die Farbdichte mit dem Densitometer gemessen werden. Die ermittelten Werte erhält der Drucker und kann sie zum Einrichten der Druckform in den der Maschine angeschlossenen PC auf dem Bedienungspult eingeben. Der Drucker bekommt sowohl

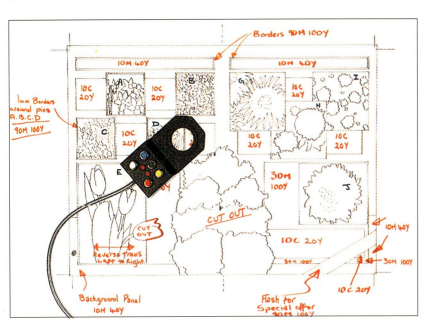

Beispiel für eine elektronische Seitenmontage.

Oben: Der genaue Seitenaufriß mit den Angaben zu den Bildern. Mit dem Fadenkreuz-Cursor werden die einzeln gescannten Bilder exakt plaziert.
Unten: die fertige Seite (Crosfield)

Cromalin-Verfahren. Auf der Tonerkonsole werden die farbigen Toner aufgetragen.

Einige Tonerfarben des Cromalin-Verfahrens (DuPont)

die einzelnen Farben als auch den Zusammendruck als Skalen zusammen mit den Filmen zur visuellen Farbkontrolle.
Im Tiefdruck wird rotativ angedruckt, wobei man Druckgeschwindigkeit und Farbviskosität zu simulieren versucht.

Proof-Verfahren. Um den teuren Andruck zu umgehen, gibt es verschiedene Proof-Verfahren.

Bei dem *Toner-Verfahren* (z.B Cromalin von DuPont) werden die Toner in den Skalenfarben auf einen hochglänzenden Karton aufgetragen. Sie bestehen aus Trockenfarbpigmenten der einzelnen Druckfarben. Auf eine hauchdünne lichtempfindliche Schicht, die auf einen weißen Karton aufkaschiert ist, werden die Farbauszüge kopiert. Dort, wo die Schicht nach dem Belichten klebrig bleibt, kann sie den Toner aufnehmen. So werden die einzelnen Rasterpunkte Farbe für Farbe eingefärbt. Zum Schluß wird eine durchsichtige Schutzfolie darübergezogen. Zu den Skalenfarben werden auch Sonderfarben angeboten, beispielsweise mit Metallic- oder Fluoreszenz-Effekten. Ähnlich arbeiten elektrostatische Tonerverfahren.

Laminierverfahren mit Cromalin-EuroSprint

Bildkontrolle am »Echtfarbenbildschirm«. Dazu wird ein digitalisiertes Proof am Bildschirm mit der Vorlage verglichen und korrigiert. Die Ausführung der Korrekturen ist sofort erkennbar. (Macintosh)

Beim *Laminierverfahren* werden durchsichtige farbige Folien benutzt, die auf ein Trägerpapier kaschiert werden. Danach erfolgt die Belichtung. Die belichteten Stellen auf der Folie sind wasserlöslich und können im Entwickler ausgewaschen werden. Der Vorgang wird mit allen Skalenfarben wiederholt.

Der Trend geht dahin, Proofs direkt mit dem gespeicherten Datenbestand ohne den Umweg über den Film oder sonstige Hilfsmittel anzufertigen. Eine Möglichkeit bietet die Bildkontrolle am sogenannten »Echtfarbenbildschirm«, bei der die Vorlage auf dem Leuchttisch mit dem Monitorbild verglichen wird.

Farbprüfverfahren 109

Tintenstrahldrucker für Großflächenwiedergabe in hervorragender Farbqualität (Scitex)

Eine weitere Möglichkeit bietet der *Tintenstrahldrucker*, mit dem die Farben aus hauchfeinen Düsen auf das Papier geschleudert werden. Beim *Thermofoliendrucker* werden die Farben auf das Papier aufgeschmolzen. *Laserdrucker*, mit Tonerfarben beschickt, sind in der Lage, Rasterbilder darzustellen.

Der Buchdrucker.

Ich bin geschicket mit der preß
So ich aufftrag den Firniß reß/
So bald mein dienr den bengel zuckt/
So ist ein bogn papyrs gedruckt.
Da durch kombt manche Kunst an tag/
Die man leichtlich bekommen mag.
Vor zeiten hat man die bücher gschribn/
Zu Meintz die Kunst ward erstlich triebn.

Druckverfahren und Druckveredelung

Der von Johannes Gutenberg gegen 1450 erfundene Druck mit beweglichen Lettern, später industrieller Hochdruck – auch Buchdruck – genannt, wurde weitgehend für die Herstellung von Büchern, Zeitschriften und Zeitungen vom Offsetdruck abgelöst. Aber auch im Offsetdruck sowie im Tiefdruck setzen sich Technologien durch, die vor allem die kosten- und zeitaufwendige Druckformenherstellung, Maschineneinrichtung und Fortdrucküberwachung verändern.
Diese Innovationen beruhen auf dem Einsatz der elektronischen Datenverarbeitung mit ihren mannigfaltigen Möglichkeiten. Der wichtigste Trend ist darin zu sehen, daß im Satzrechner gespeicherte Text- und Bilddaten, zu Druckseiten aufbereitet, direkt auf den Druckträger gebracht werden. Ein weiterer Trend liegt in der Online-Verknüpfung von Druck und buchbinderischer Weiterverarbeitung.

Druckvorbereitung

Weil die Druckseiten nicht einzeln, sondern auf großen Bogen gedruckt werden, müssen sie nach einem bestimmten Schema bei der Druckformenmontage zu Druckformen zusammengestellt werden. Diese Arbeit wird *Ausschießen* genannt. Für die Druckformenmontage muß die Größe des Bund- und des Kopfsteges in Zentimeter festgelegt sein. Zum Kopfsteg sind 2 bis 3 mm hinzuzurechnen, die vom Buchbinder beim Beschneiden des Buchblocks später weggeschnitten werden. Für die Klebebindung veranschlagt der Buchbinder 2 bis 3 mm zusätzlich im Bund, die er für den Aufschnitt benötigt.

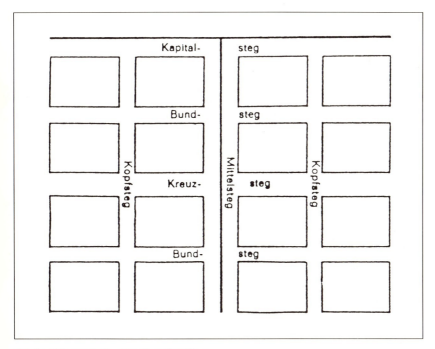

Stegbezeichnungen einer 16seitigen Druckform

Erkennungsmerkmale der Druckverfahren in starker Vergrößerung.
Hochdruck: scharfe Konturen mit wulstartig eingeprägten Rändern (oben links);
Flachdruck: gleichmäßig flächiger Druck (unten links); Tiefdruck: leicht gefranste Ränder und schwach geperlte Oberfläche (oben rechts); Siebdruck: pastoses Aufliegen der Druckfarbe (unten rechts)

114 Druckverfahren und Druckveredelung

Bei den meisten Druckarbeiten wird das Papier zweiseitig auf der Vorderseite im *Schöndruck* und auf der Rückseite im *Widerdruck* bedruckt. Beim Falzen kommen die Seiten in der richtigen Reihenfolge hintereinander zu stehen. Die Größe eines Druckbogens wird vom Umfang des Druckwerkes bestimmt, der für das geeignete Druckformat der auszuwählenden günstigsten Druckmaschine angelegt sein muß. Außerdem richtet sich das Ausschießschema nach der buchbinderischen Weiterverarbeitung. Für die *Rückenheftung*, auch Einsteckbroschur genannt, werden die einzelnen Bogen ineinander gesteckt, die erste und die letzte Seite des Druckwerkes stehen daher auf einer Druckform.

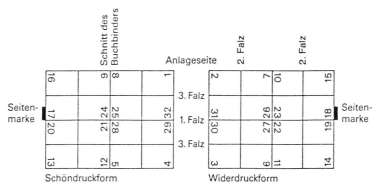

Ausschießschema für eine 32seitige Druckform in Schön- und Widerdruck für eine Rückenheftung

Ausschießschema für eine 16seitige Druckform in Schön- und Widerdruck für eine Fadenheftung

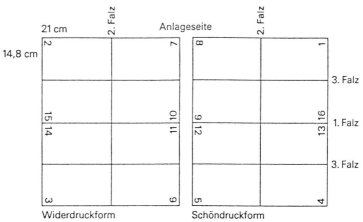

Bei der *Fadenheftung* und der *Klebebindung* liegen die einzelnen Bogen hintereinander angeordnet.

In Bogendruckmaschinen werden die Druckbogen entweder um die Längsachse gewendet, dann spricht man vom *Umstülpen*. Werden die Bogen um die Breitachse gewendet, wird vom *Umschlagen* gesprochen. Das ist die gebräuchlichste Wendungsart.
  Für den Druck von Büchern ist die kleinste Einheit eines *Druckbogens* 4 Seiten; die Gesamtseitenzahl eines Druckbogens muß demzufolge durch vier teilbar sein. Zur kostengünstigen buchbinderischen Weiterverarbeitung sollte ein Buch aus ganzen Bogen bestehen. Können einige Seiten nicht mit Text gefüllt werden, so werden sie häufig für Anzeigen der eigenen Verlagsproduktion verwendet. Die Druckmaschine wird dahingehend ausgewählt, daß die Bogen das *Maschinenformat* optimal ausnutzen. Sind auf einem Druckbo-

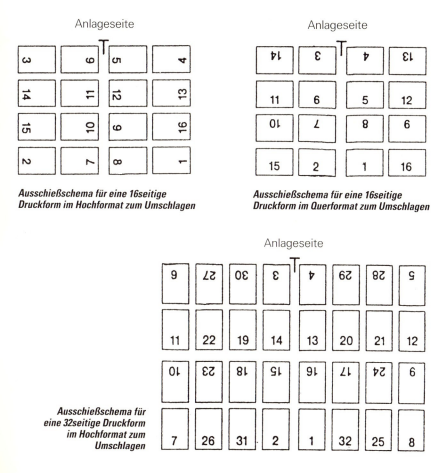

Ausschießschema für eine 16seitige Druckform im Hochformat zum Umschlagen

Ausschießschema für eine 16seitige Druckform im Querformat zum Umschlagen

Ausschießschema für eine 32seitige Druckform im Hochformat zum Umschlagen

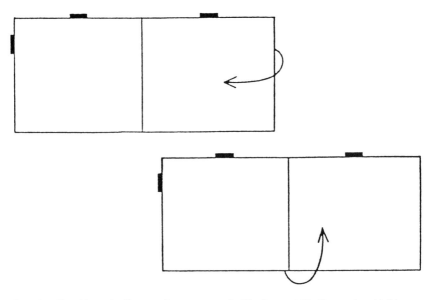

Oben: Das Umschlagen ist die am meisten angewandte Wendungsart. Die Bogenanlage bleibt an den Vordermarken der Druckmaschine, nur die Seitenmarken wechseln. Dadurch ist eine einwandfreie Registerhaltung möglich.
Unten: Beim Umstülpen bleibt die Seitenmarke unverändert, die Vordermarken wechseln. Für das Umstülpen muß das Papier einen exakten Winkelschnitt haben.

gen nur 16 Seiten angeordnet, 8 Seiten im Schöndruck und 8 Seiten im Widerdruck, spricht man von einem *Nutzen*. Sind zwei 16seitige Bogen darauf, liegt *Doppelnutzen* vor. Großformatige Maschinen können zu vielen Nutzen drucken, was bei hohen Auflagen die Druckkosten vermindert. Für Rotationsmaschinen sind für den Bücherdruck auch andere Seitenzahlen für einen Bogen möglich, z. B. 20seitige Druckbogen.

Verschiedene Ausschießschemata für den Zeitungs- und Zeitschriftendruck

Die Ziffern oben und unten sind Seitenzahlen. »S« bedeutet Schöndruck, »W« bedeutet Widerdruck.

1 Großes Zeitschriftenformat 27,5×38,0 cm 2×8 Seiten = 1 Rolle	2 Großes Zeitschriftenformat 27,5×38,0 cm 16 Seiten = 1 Rolle
3 Großes Zeitschriftenformat 27,5×38,0 cm 24 Seiten = 2 Rollen	4 Großes Zeitschriftenformat 27,5×38,0 cm 32 Seiten = 2 Rollen

Druckvorbereitung 117

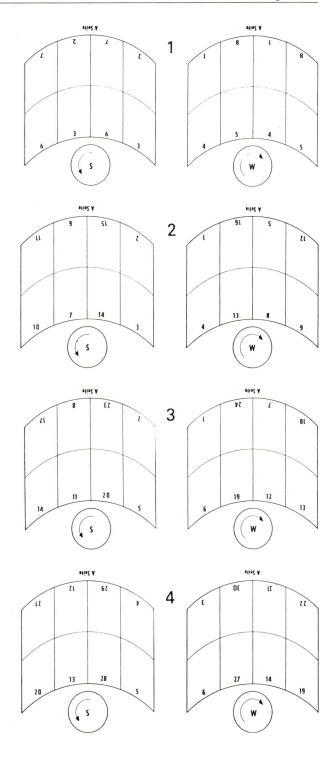

118 Druckverfahren und Druckveredelung

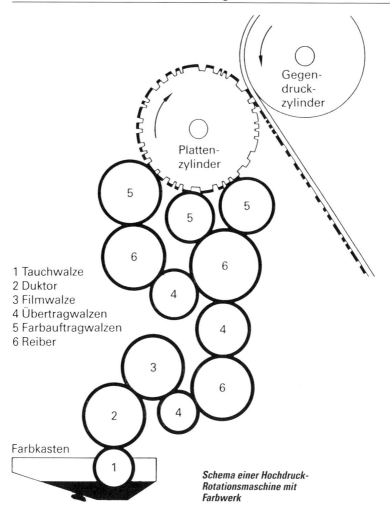

Schema einer Hochdruck-Rotationsmaschine mit Farbwerk

Hochdruck (Buchdruck)

Prinzip des Hochdrucks. Das Hochdruckverfahren beruht auf dem Prinzip von *Druck und Gegendruck*. Die hochgestellten spiegelverkehrten Teile der Druckform werden beim Druckvorgang mit Druckfarbe eingefärbt und in das Papier eingepreßt, so daß randscharfe Konturen entstehen. Die nichtdruckenden Teile liegen vertieft. Vor Gutenbergs Erfindung des Druckes mit beweglichen Lettern wurden Texte und Bilder, in Holz geschnitten, als *Holzschnitte* gedruckt und anschließend von Hand koloriert.

Anwendung des Hochdrucks. Das Hochdruckverfahren ist auch unter dem historischen Begriff des *Buchdrucks* bekannt, obwohl mit diesem Verfahren auf *Bogendruckmaschinen* kaum noch Bücher gedruckt werden. In diesem Bereich ist das Hochdruckverfahren vom Flachdruck abgelöst worden. Der Grund ist das aufwendige Einrichten der Maschinen, für das ein Druckausgleich, die sogenannte *Zurichtung* angefertigt werden mußte, um beispielsweise feine und

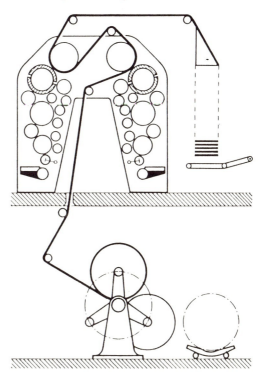

Schema einer Hochdruck-Zeitungsrotation in U-Form für Schön- und Widerdruck. Gezeigt werden ein Druckwerk und die Papierabrollung.

Druckplatte auf dem Druckzylinder einer Hochdruck-Rotationsmaschine.

breite Schriften gleichmäßig drucken zu lassen. Auch die Druckformenherstellung war für niedrige Auflagen zu teuer. Die Hochdruckmaschinen werden heute zum Stanzen von Etiketten und Faltschachteln, Rillen von Karton für Broschurumschläge oder Numerieren mit mechanisch arbeitenden Numerierwerken eingesetzt.

Blindprägungen ohne Farbe auf Briefblättern, Visitenkarten oder Urkunden können mit ihnen ausgeführt werden. Die Hochdruckmaschinen können für *Heißfolienprägungen* von Farb-, Silber- und Goldfolien auf Etiketten, Mappen und Glückwunschkarten eingesetzt werden. Für diese Prägungen werden glatte, meist glänzende Papiere oder Kartons verwendet. Aber auch *Lackierarbeiten* sind darauf möglich.

Druckformenherstellung. Gedruckt wird von *fotopolymeren Kunststoffplatten* wie Nyloprint, die aus dem lichtempfindlichen Kunststoff und einer Aluminiumträgerplatte aufgebaut sind. Die Filmvorlage wird auf die Platte belichtet. Im Entwicklerbad werden die beim Belichten nicht gehärteten Teile des Kunststoffs herausgewaschen, die gehärteten Teile bleiben erhaben zum Druck stehen.

Druckmaschinen. Auf großformatigen *Rotationsmaschinen* werden vor allem Zeitungen, aber auch Bücher in hohen Auflagen gedruckt, soweit sie nicht von Rollenoffsetmaschinen abgelöst worden sind. Die endlose Papierbahn von der Rolle durchläuft das Druckwerk, in deren einzelnen Einheiten der Schön- und Widerdruck ausgeführt

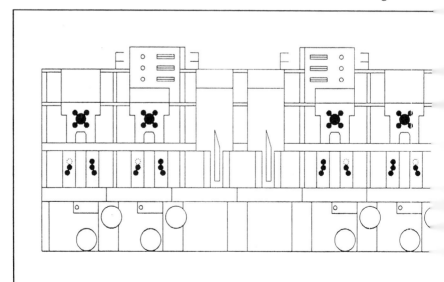

Doppelstöckige Hochdruck-Rotationsmaschine für den Zeitungsdruck (Anilox Courier von Koenig & Bauer)

wird. In einem angeschlossenen festformatigen *Falzaggregat* werden die Zeitungen versandfertig gefalzt. Andere Drucksachen wie Zeitschriften oder Taschenbücher werden gefalzt und der buchbinderischen Weiterverarbeitung, oft zur Online-Produktion, zugeführt.

Schön- und Widerdruck für den Zeitungsdruck mit Darstellung der Papierabrollung

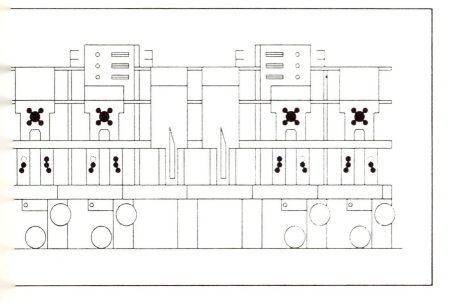

Hochdruck-Sonderverfahren

Linierdruck. Dieses Verfahren wird für die Herstellung von Schreib- und Rechenheften oder liniertem Briefpapier eingesetzt. Linienscheiben, die beliebig weit auseinandergestellt werden können, werden von einer Gummiwalze mit dünnflüssiger Farbe eingefärbt und von diesen auf das Papier übertragen.

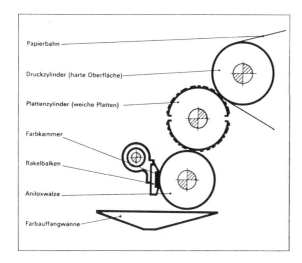

Schema des Flexodrucks mit direkter Einfärbung ohne die Walzen eines Farbwerkes

Flexodruck-Maschine (Flexo-Courier von Koenig & Bauer)

Hochdruck – Sonderverfahren 123

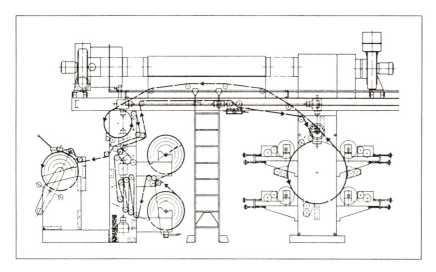

Flexodruck: Einzylindermaschine, speziell für Foliendruck, mit 4 Druckwerken

Flexodruck. Dieses zum Hochdruck zählende Verfahren wird für den Bedruck einfacher Verpackungen wie Tüten, minderqualitativer Massendrucksachen, Schreibhefte, Linienpapier, Papierservietten und Tapeten eingesetzt.

Die Druckform besteht aus elastischen *Plastikklischees* (PVC). Die für den Druck notwendigen Spezialmaschinen arbeiten nach dem Rotationsprinzip: Die dünnflüssige lösungsmittelangereicherte Druckfarbe wird von einer Tauchwalze aus der Farbwanne auf die Klischees gebracht und von diesen direkt auf den Bedruckstoff übertragen. Nach dem Druck durchläuft der Bedruckstoff eine Trockenpartie, in der die Lösungsmittel der Farbe verdunsten und die Farbe schnell antrocknen kann.

Indirekter Hochdruck. Dieses auch *Letterset* genannte Druckverfahren, das ebenfalls zum Hochdruck gehört, wird hauptsächlich zum Druck von Endlosformularen sowie für Ausdrucke der Datenverarbeitung auf Rotationsmaschinen in hohen Auflagen eingesetzt. Die hochkonzentrierte Druckfarbe wird auf die Druckplatte aus Zink oder fotopolymerem Kunststoff, auf der die zu druckenden Teile seitenrichtig erhaben sind, aufgetragen. Von dieser wird sie wie beim Flachdruck auf einen Gummituchzylinder übertragen und von dem Gummituch auf den Bedruckstoff. Letterset läßt sich gut für wasserempfindliche oder gummierte Papiere einsetzen.

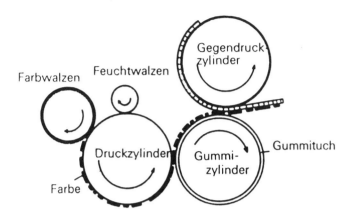

Schema des Bogen-Flachdrucks

Flachdruck (Offsetdruck)

Prinzip des Flachdrucks. Das Flachdruckverfahren hat sich aus dem von Senefelder erfundenen *Steindruck*, der *Lithografie*, entwickelt. Es beruht auf dem Prinzip der *Abstoßung von Fett und Wasser*. Drukkende und nichtdruckende Teile liegen seitenrichtig auf der Druckplatte, nahezu auf einer Ebene. Die druckenden Teile sind so präpariert, daß sie Feuchtigkeit abstoßen und die fetthaltige Druckfarbe aufnehmen; die nichtdruckenden Teile nehmen die Feuchtigkeit an und weisen die Druckfarbe ab.

In der Druckmaschine läuft die auf dem rotierenden Plattenzylinder aufgespannte Druckplatte (die aus einer biegsamen Metallplatte besteht) zuerst an einem *Feuchtwerk* vorbei, in dem die Feuchtwalzen die nichtdruckenden Teile befeuchten. Anschließend werden von den Farbwalzen im *Farbwerk* die druckenden Teile mit Druckfarbe eingefärbt. Von der Druckplatte wird die Farbe auf einen mit einem Gummituch bespannten Zylinder übertragen und von diesem auf das Papier. Man spricht deshalb von einem *indirekten Druckverfahren*. Die Zwischenschaltung des Gummituches ist notwendig, damit das Papier nicht gefeuchtet wird und sich dadurch verziehen kann. Außerdem können so rauhere Papiere und strukturierte Kartons flächendeckend bedruckt werden.

Flachdruck (Offsetdruck) 125

Die industrielle Form dieses Druckverfahrens wird *Offsetdruck* genannt. Der Name kommt aus dem Englischen und heißt »Absetzdruck«, weil die Farbe vor dem Druck erst auf einen Gummituchzylinder abgesetzt wird.

Anwendung des Flachdrucks. Der Offsetdruck ist das am meisten angewendete Druckverfahren. Bücher, Zeitungen, Zeitschriften, Prospekte, Landkarten, Formulare, Etiketten und Landkarten in hohen, mittleren und niedrigen Auflagen, ein- oder mehrfarbig, zählen zu den Auftragsgruppen. Die Palette reicht vom Textdruck bis zu Halbtonabbildungen mit feinstem Raster bis 120 Linien/cm. Bedruckt werden können alle Arten von Papier, aber auch feinmaschiges Überzugsleinen und glatter oder strukturierter Karton.

Druckformenherstellung. Im konventionellen Verfahren werden mehrheitlich Positivfilme für die *Positivkopie* oder seltener Negativfilme für die *Negativkopie* zu Druckformen auf stabiler Folie (Astralon) millimetergenau aufgeklebt (montiert). *Flattermarken* und *Falz-*

Von unten und oben beleuchteter Arbeitstisch zum Linieren der Standvorlage als Grundlage der Druckform-Montage und zum standgerechten Montieren der Filme auf Astralonfolie

Druckfilm-Montage am Leuchttisch

zeichen für den Buchbinder werden hinzugefügt. Besondere Sorgfalt ist für die passergenaue *Montage* von mehrfarbigen Bildern notwendig. Dazu kann der Montierer sich der Hilfe von *Paßkreuzen* bedienen, die in der Reproduktion zu den einzelnen Farben der Bildern gesetzt werden.

Nach den Montagearbeiten werden die Druckfilme auf die mit einer lichtempfindlichen Kopierschicht versehene feingekörnte Druckplatte im *Kopierrahmen* oder in einer *Kopiermaschine* kopiert. Dazu wird die Montage – Filmschicht auf Kopierschicht – auf die Platte unter Vakuum belichtet. Die richtige Belichtungszeit wird mit Hilfe von Rasterkeilen ermittelt. Sie ist abhängig von der Stärke der Lichtquelle und der Lichtempfindlichkeit der Kopierschicht.

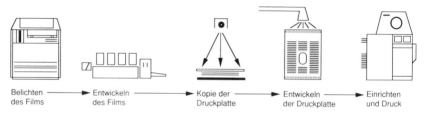

Belichten des Films → Entwickeln des Films → Kopie der Druckplatte → Entwickeln der Druckplatte → Einrichten und Druck

Schema der konventionellen Druckformenherstellung für den Flachdruck

Mikroaufnahmen von Offsetplatten, die für den Druck belichtet worden sind.
Links: Rasterpunkte auf einer mikrogekörnten Platte.
Rechts: Rasterpunkte auf einer elektrolytisch gerauhten Platte

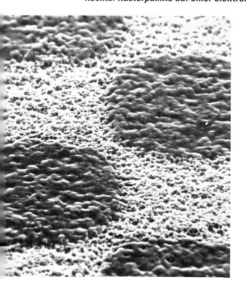
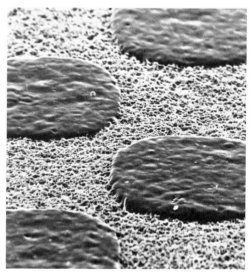

Flachdruck (Offsetdruck) 127

Schema der Positivkopie einer vorbeschichteten Offsetplatte

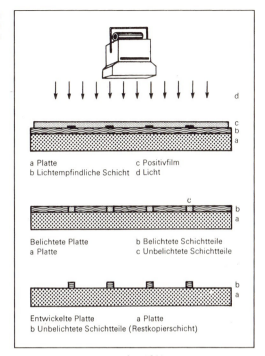

a Platte
b Lichtempfindliche Schicht
c Positivfilm
d Licht

Belichtete Platte
a Platte
b Belichtete Schichtteile
c Unbelichtete Schichtteile

Entwickelte Platte
a Platte
b Unbelichtete Schichtteile (Restkopierschicht)

Kassettenkopiermaschine für Offsetdruckplatten zur Automatisierung der Druckformherstellung

Beim sich anschließenden *Entwickeln* wird die farbannehmende Schicht auf der Platte fixiert und geschützt, das die Feuchtigkeit annehmende Metall freigelegt.

Im Bildvordergrund die Entwicklungsmaschine für kopierte Offsetdruckplatten; im Bildhintergrund die Einbrennstation zur Härtung der Druckschicht für hohe Auflagen

Druckplatten. Es gibt verschiedene Druckplatten für unterschiedliche Auflagenhöhen. Von einer *Aluminiumplatte* kann eine Auflage bis 300 000 und von einer *Mehrmetallplatte* eine Auflage in Millionenhöhe gedruckt werden. Für einen beabsichtigten Nachdruck werden die Montagen und die Druckplatten aufbewahrt. Jede Korrektur auf einer Druckform erfordert aber eine neue Druckplatte.

Um die zeitaufwendige manuelle Montage einzusparen, können die zu druckenden Teile direkt aus dem Rechner der Satzanlage standgerecht und richtig ausgeschossen mit dem *Computer-to-plate-Verfahren* (CTP) oder *Direct-to-plate-Verfahren* auf die Druckplatte übertragen werden. Die zu druckenden Elemente entstehen durch zeilenweise Laserbelichtung, mit der sie auf die Kopierschicht gebracht werden. Die Zeitersparnis kommt vor allem dem Zeitungsdruck zugute, wenn eine Platte gegen eine neue Platte mit einer aktu-

Flachdruck (Offsetdruck) 129

ellen Nachricht während des Druckes ausgetauscht werden muß. Weitere Vorteile liegen in der Reduzierung des teuren Filmmaterials, in der konstanten Beschreibung aller zu druckenden Teile zur Erreichung eines einheitlichen Druckbildes über alle Seiten eines Druckwerkes hinweg und im optimalen Passer wegen Wegfall der Filmmontage mit ihren Möglichkeiten der Ungenauigkeit. Die Auflösung von Schwarzweiß-Halbtonbildern liegt bei 1200 dpi, für farbige Rasterbilder bei bis zu 2540 dpi.

Eine weitere Möglichkeit, die Montage einzusparen, bietet *Direct-Imaging* für den Druck von niedrigen und mittleren Auflagen. Die am Bildschirm gestaltete mehrfarbige Seite wird auf digitalem Wege direkt auf die Druckplatte in der Offsetmaschine übertragen (*Computer-to-press*). Dabei werden mit Hochspannung durch »Schreibköpfe« die Bildpunkte auf der Platte passergenau erzeugt. Gleichzeitig

Schematische Darstellung des Direct-Imaging

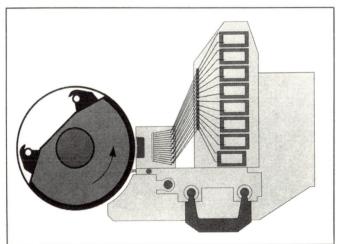

Der Schreibkopf gleitet auf einer Präzisionsspindel horizontal vor der rotierenden Druckplatte in der Druckmaschine, ohne sie zu berühren.

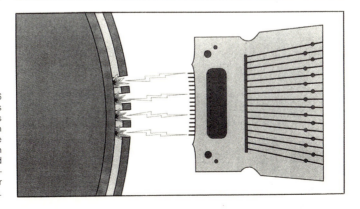

Die von den 16 Elektroden des Schreibkopfes ausgehenden Entladungsblitze durchschlagen die Silikon- und die Aluminiumschicht der Druckplatte.

Druckverfahren und Druckveredelung

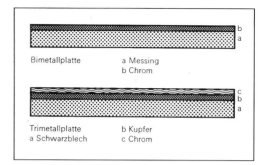

Querschnitt durch Mehrmetallplatten

kann der Farbbedarf je Druckwerk ermittelt und eingestellt werden. Gedruckt wird ohne Feuchtwerk. Anstelle des Feuchtwerkes befindet sich die Direct-Imaging-Einheit.

Mit diesen beiden Verfahren der Druckformvorbereitung lassen sich Druckwerke kostengünstig und schnell drucken, die von Auflage zu Auflage aktualisiert werden müssen, wo also immer wieder neue Platten herzustellen sind.

Einrichten der Druckmaschinen. Alle Druckmaschinen bestehen aus der Papier- bzw. Kartonzuführung, dem Feuchtwerk, dem Farbwerk, dem Platten-, Gummituch- und Gegendruckzylinder, der Auslage und der Maschinensteuerung.

Der Bedruckstoff wird in Bogen oder von der Rolle zugeführt. Die Drucke können in ungefalzten Planobogen oder gefalz ausgelegt werden. Es wird daher grundsätzlich zwischen *Bogenoffsetmaschinen* und *Rollenoffsetmaschinen* (Rotationsmaschinen) unterschieden.

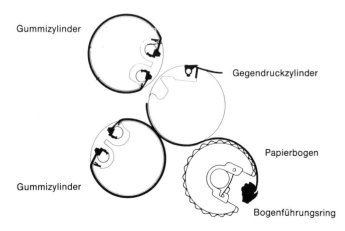

Schema der Druckabwicklung zwischen Gummituchzylinder und Gegendruckzylinder

Plattenwechsel. Die Kürze der Einrichtungszeit, die Druckgeschwindigkeit und die computergesteuerte Fortdrucküberwachung sind für die Wirtschaftlichkeit der Maschine ausschlaggebend. Um die Einrichtungszeit zu minimieren, gibt es die Möglichkeit des automatischen Plattenwechslers, des sogenannten »*fliegenden Plattenwechsels*« und rechnergesteuerte *Voreinstellsysteme* zur Dosierung der Druckfarben und des richtigen Standes, z. B. des Passers beim Vierfarbendruck.

Automatischer Direktplatteneinzug in eine Bogenoffsetmaschine

Drucküberwachung. Während des Drucks auf Bogen- und Rollenoffsetmaschinen wird die Dosierung der Druckfarbe von der densitometrischen, rechnergesteuerten *Farbregelanlage* geregelt, die die Farbdichte mißt (*Computer Integrated Producing*). Zur Messung werden Kontrollstreifen in die Druckform eingebaut. Korrekturen werden automatisch dem Farbwerk der Maschine übermittelt. Die von der Anlage ermittelten Werte können, auf Kassetten gespeichert, für einen Nachdruck aufbewahrt und bei Bedarf wieder eingegeben werden.

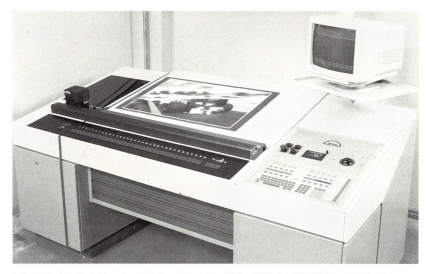

Leitstand einer digital gesteuerten Bogenmaschine Roland 700 einschließlich automatischer Farbregelung Roland CCI, bestehend u. a. aus: Rechner, Folientastatur, Farbmonitor und traversierendem Densitometer (MAN Roland)

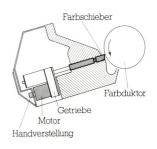

Elektronisch gesteuerte Farbdosiereinrichtung an Farbsteuer- und Farbregelanlagen Roland RCI und Roland CCI. Links: Unterschiedliche Farbabgabe aus dem Farbkasten der Offsetdruckmaschine. Rechts: Schema der Regulierung am Farbkasten (MAN Roland)

Flachdruck (Offsetdruck) 133

Plattenscanner Roland EPS mit Kassettenlaufwerk und Protokolldrucker zur Speicherung der Daten für die einzelnen Farbzonen

Protokollausdruck der Farbanteile einer Druckplatte mit numerischer und grafischer Darstellung; auf der linken Seite die Numerierung der Farbzonen (MAN Roland)

Für einen einwandfreien Druck ist das vorschriftsmäßige Raumklima notwendig. Dieses liegt bei +20 Grad und ca. 50% Luftfeuchtigkeit. In der Regel werden die Bogenpapiere unter diesen Bedingungen von den Papierherstellern verpackt den Druckereien angeliefert.

Bogenoffsetmaschinen. Bei den Bogenoffsetmaschinen sind Ein- und Mehrfarbenmaschinen im Einsatz. Sie werden nach Maschinenklassen eingeteilt. Die gebräuchlichen für den Bogenoffset sind:

Klasse I	Papierformat 56×830 cm
Klasse IIIb	Papierformat 72×104 cm
Klasse VI	Papierformat 100×140 cm
Klasse VII	Papierformat 110×160 cm

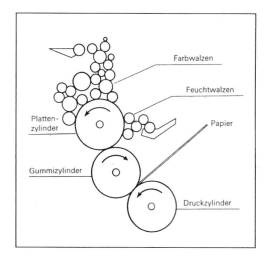

Schema einer Einfarben-Offsetmaschine

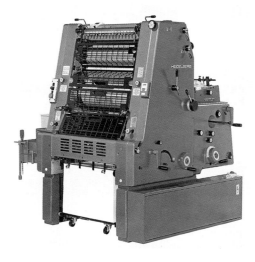

Heidelberger GTO-Einfarben-Bogenoffsetmaschine im Format 36×52 cm mit Einzelbogenanleger. Drucken, Numerieren, Perforieren und Mittelschnitt sind in einem Arbeitsgang möglich.

Darüber hinaus sind auch noch andere Formate möglich. Auf *Kleinoffsetmaschinen* bis zum Format 43×61 cm werden überwiegend von Papierfolien einfache kleinformatige Geschäftsdrucksachen gedruckt.

Die Bogenoffsetmaschinen können als *Schöndruckmaschinen* für den einseitigen Druck und als *Schön- und Widerdruckmaschinen* für den zweiseitigen Druck in einem Druckgang konstruiert sein. Auf *Mehrfarbenoffsetmaschinen* werden zwei, vier oder mehr Farben in einem Maschinendurchlauf naß in naß gedruckt, d. h., die Farben sind beim Zusammendruck noch nicht angetrocknet. Durch Bestäuben mit einem feinkörnigen Puder an der Auslage kann das Ablegen der noch frischen Druckfarben auf den darüberliegenden Bogen vermieden werden.

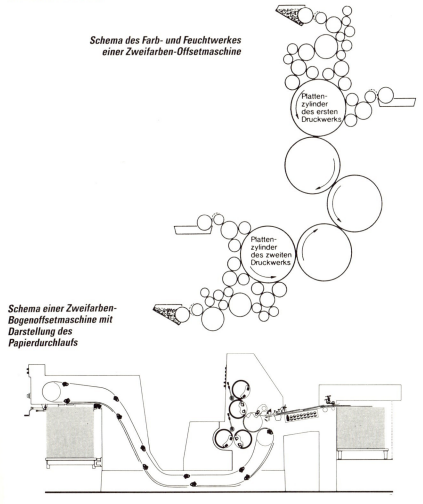

Schema des Farb- und Feuchtwerkes einer Zweifarben-Offsetmaschine

Schema einer Zweifarben-Bogenoffsetmaschine mit Darstellung des Papierdurchlaufs

Vierfarben-Bogenoffsetmaschine Roland 804 mit angeschlossenem Lackierwerk und Widerdruckwerk (links)

Schema des Papierdurchlaufs durch die Roland 804

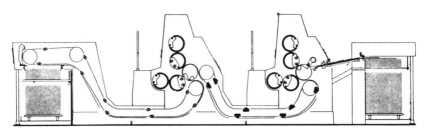

Schematische Darstellung einer Schön- und Widerdruck-Bogenoffsetmaschine am Beispiel einer Roland RZK IIIb

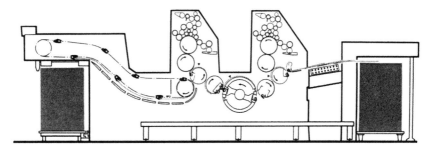

Flachdruck (Offsetdruck) 137

Es gibt Druckmaschinen, mit denen wahlweise eine Seite mehrfarbig oder beide Seiten einfarbig gedruckt werden. In der *Satellitenbauweise* lassen sich beliebig viele Druckwerke hintereinanderkoppeln, z. B. für Sechs- oder Achtfarbendruck.

Auf den Druckmaschinen können neben den üblichen Druckfarben auch Sonderfarben wie Gold- oder Silberfarben gedruckt werden. Eine besondere Druckweise ist der *Irisdruck*. Es werden mehrere Farben in einem Druckgang nebeneinander gedruckt, die an den Farbrändern ineinanderlaufen. Damit sind reizvolle Effekte zu erzielen.

Druckformenarchivierung. Ist in absehbarer Zeit mit einem unveränderten Nachdruck zu rechnen, werden die Druckplatten in der Druckerei sachgerecht geschützt aufbewahrt. Diese Platten sind bis zu 5 Jahre archivierbar. Ist bei einem Nachdruck mit Korrekturen zu rechnen, werden auf den ebenfalls aufbewahrten Montagen die neuen Filme gegen die alten ausgetauscht. Beim CTP-Verfahren ist es nicht notwendig, die Montagen zu archivieren.

Heidelberger Speedmaster Sechsfarben-Bogenoffsetmaschine in Reihenbauweise

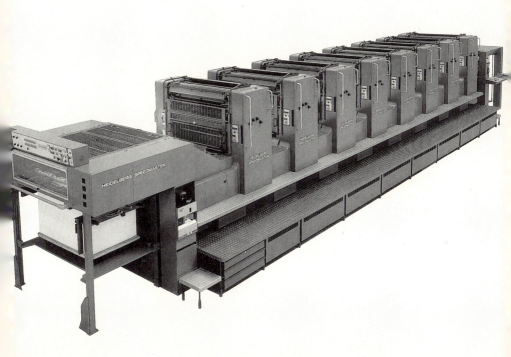

Rollenoffsetdruck

Rollenoffsetmaschinen. Diese Maschinen werden im Druckformat nach den Wünschen der Besteller hergestellt. Den riesigen Zeitungsdruckmaschinen stehen kleinformatige Maschinen für den Druck von Büchern in höherer Auflage gegenüber. Für die Herstellung von Taschenbüchern werden auf einer SHM-Spezialmaschine 480 Seiten pro Zylinderumdrehung bei 33 000 Drucken pro Stunde gedruckt, zusammengetragen und gebunden.

Die Maschinen bedrucken die Bogen zweiseitig und können für

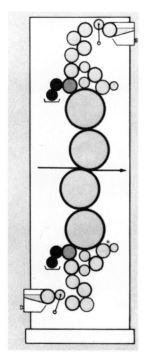

Schema einer Rollenoffsetmaschine in stehender 4-Zylinder-Bauart für horizontale Papierzuführung, Prinzip Gummi gegen Gummi

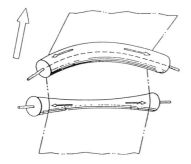

Mit der Kombination von Bananen- und Trompetenwalze wird die Papierbahn vor dem Einlauf in die Druckeinheit breit gestreckt, um eine gleichmäßige Druckabwicklung zu ermöglichen.

Rollenoffsetdruck 139

Doppeltbreite Rollenoffsetmaschine von Koenig & Bauer für den farbigen Zeitungsdruck. Die Produktionsdrehzahl beträgt 35 000 Zylinderumdrehungen in der Stunde bzw. 70 000 Zeitungen.

Maschinenleitstand einer Zeitungs-Rollenrotation mit Bildschirm und Funktionstasten. Die Daten für das Bedienen und Steuern der Anlage werden zentral erfaßt, über die Leitstände erfolgt der Dialog mit der Maschine.

den Ein- und Mehrfarbendruck angelegt sein. Fotos in Zeitungen werden immer häufiger im Vierfarbendruck gedruckt (*Color Publishing*). Damit die Farbe beim schnellen Maschinendurchlauf trocknen kann, durchläuft die Papierbahn ein *Trockenwerk*. In der Regel ist an die Rollenoffsetmaschine ein *Falzwerk* angeschlossen. In ihm können Zeitungen versandfertig gefalzt werden.

In schnellaufenden Rollenoffsetmaschinen ist die elektronische Steuerung der *Registerhaltung*, d.h. des deckungsgleichen Abdruk-

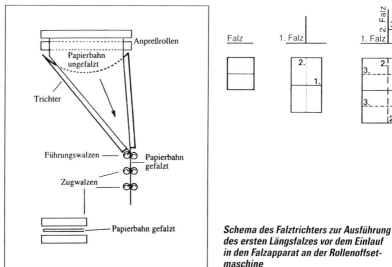

Schema des Falztrichters zur Ausführung des ersten Längsfalzes vor dem Einlauf in den Falzapparat an der Rollenoffsetmaschine

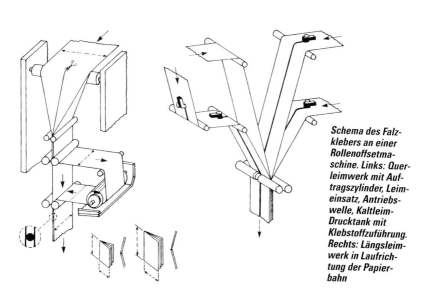

Schema des Falzklebers an einer Rollenoffsetmaschine. Links: Querleimwerk mit Auftragszylinder, Leimeinsatz, Antriebswelle, Kaltleim-Drucktank mit Klebstoffzuführung. Rechts: Längsleimwerk in Laufrichtung der Papierbahn

kes der Satzspiegel von Schön- und Widerdruckseiten, und der *Passergenauigkeit* beim Vierfarbendruck notwendig. Außerdem ist die Überwachung der *Papierbahnspannung* und des einwandfreien *Rollendurchlaufs* für einen störungsfreien Druckablauf wichtig. Dazu werden Paßmarken in die Druckform montiert, die von Fotozellen abgetastet werden.

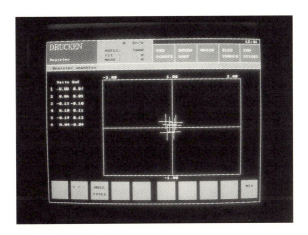

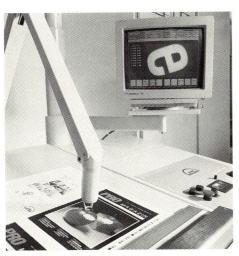

Mit der Videolupe RQM (Register and Quality Magnifier) zur halbautomatischen Registerregelung können Bildausschnitte vergrößert und auf dem Prozeßmonitor dargestellt werden, um sie für Registerkorrekturen zu benutzen.
(MAN Roland)

Anzeige eines Längsregisterfehlers im Schwarzdruck und eines Seitenregisterfehlers im Magentadruck

Print-Roll-Technik in einer Zeitungsdruckerei (Müller Martini)

Print-Roll-Technik. Unterschiedlich zu versendende Regionalausgaben einer Tageszeitung und einzulegende Werbebeilagen dürfen den schnellen Drucklauf der Maschine nicht beeinflussen. Mit *Print-Roll-Pufferung* werden Zeitungen für die Auslieferung und Zeitungsbeilagen zum späteren Einstecken aufgerollt zwischengelagert.

Zeitschriften und Bücher können für die buchbinderische Weiterverarbeitung in Offline-Produktion gefalzt auf Rollen zwischengelagert werden. Bei der Online-Produktion werden die gefalzten Bogen direkt der Buchfertigungsstraße zugeführt.

Papierrollenwechsel. Rotationsmaschinen arbeiten mit automatischem Rollenwechsel. Ein Lichtstrahl tastet in Verbindung mit einer Fotozelle die Stirnseite der ablaufenden Rolle ab und meldet, wenn die Rolle zu klein geworden ist. Es wird eine neue, mit einem Spezialkleber vorbereitete Rolle auf Maschinengeschwindigkeit gebracht. Ein Messer trennt im richtigen Moment die beiden Rollenbahnen und löst dadurch die alte Rolle ab.

Rollenoffsetdruck 143

Vorrichtung zum Einstecken von Beilagen in eine Tageszeitung

Vorbereitung des automatischen Rollenwechsels an einer Rotationsmaschine

144 Druckverfahren und Druckveredelung

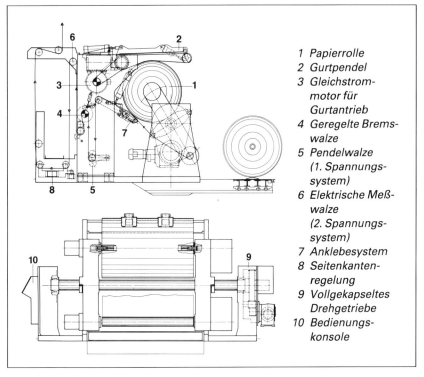

Schema des Doppelrollenträgers für eine Rotationsmaschine

1 Papierrolle
2 Gurtpendel
3 Gleichstrom-
  motor für
  Gurtantrieb
4 Geregelte Brems-
  walze
5 Pendelwalze
  (1. Spannungs-
  system)
6 Elektrische Meß-
  walze
  (2. Spannungs-
  system)
7 Anklebesystem
8 Seitenkanten-
  regelung
9 Vollgekapseltes
  Drehgetriebe
10 Bedienungs-
   konsole

Endlosdruck. Für die Herstellung von EDV-Formularen, häufig auf chemisch beschichtetem Durchschreibepapier, wird während des Drucks die Stanzung des Lochrandes vorgenommen.

Lichtdruck

Verfahrenstechnisch zählt dieses selten angewendete Druckverfahren zum Flachdruck. Als Kopiervorlage ist ein Halbtonnegativ notwendig. Bei der Belichtung bildet sich auf der Chromgelatineschicht, die auf eine Glasplatte aufgebracht wird, ein unregelmäßiges Relief, das *Runzelkorn*. Vor dem Beginn des Druckvorganges wird diese Schicht mit einem Gemisch aus Wasser und Glyzerin gefeuchtet, wobei die weniger vom Licht belichteten Stellen (daher »Lichtdruck«) stärker quellen und mehr Feuchtigkeit aufnehmen als die stärker belichteten Teile.

Beim Einfärben nehmen die nicht mehr quellfähigen Bildteile die Druckfarbe an, die anderen Teile stoßen die Farbe ab. Wegen des Runzelkorns ist ein Raster nicht mehr nötig. Das Korn würde etwa einem Raster mit 500 Linien pro cm entsprechen.

Das Druckergebnis sieht dem Original sehr ähnlich. Daher werden mit diesem Verfahren originalgetreu farbige Gemälde oder wertvolle Bücher als *Faksimileausgaben* gedruckt. Um dem Original möglichst nahezukommen, können je nach Motiv bis etwa 12 Farben zum Drucken eingesetzt werden. Weil sich die Gelatineschicht schnell abnützt, kann man nur bis zu ca. 150 Drucke von einer Platte herstellen. Die Druckleistung liegt bei etwa 1000 Drucken an einem Arbeitstag. Lichtdrucke sind daher teuer.

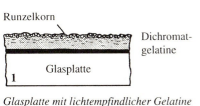

Glasplatte mit lichtempfindlicher Gelatine

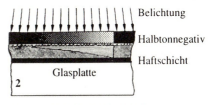

Härtung der Schicht durch Belichtung

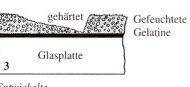

Entwickelte und gefeuchtete Druckplatte

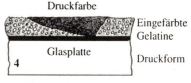

Druckbereite Platte
Die gehärteten Stellen nehmen Druckfarbe an

Präparierung einer Glasplatte für den Lichtdruck

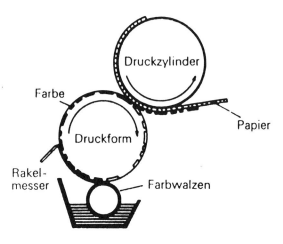

Schema des Rollentiefdrucks

Tiefdruck

Prinzip des Tiefdrucks. Der Tiefdruck hat sich aus dem *Kupferstich* entwickelt. Der Druckzylinder wird beim Durchlauf durch eine Farbwanne mit der dünnflüssigen, mit Lösungsmittel angereicherten Druckfarbe gleichmäßig benetzt. Ein federndes Stahllineal, die *Rakel*, streift die über den Vertiefungen vorhandene überflüssige Farbe ab (*Rakeltiefdruck*). Aus den vertieft liegenden Näpfchen des Druckzylinders wird die Druckfarbe auf das Papier übertragen.

Lösungsmittel lassen die Farbe durch Verdunsten schnell trocknen. Wenn der Druckbogen die Maschine verläßt, muß die Farbe völlig getrocknet sein. Eine beheizbare und mit einem Gebläse versehene Trockeneinrichtung beschleunigt den Vorgang. Je nach der benötigten Farbmenge sind die Näpfchen verschieden tief. Halbtöne werden daher durch unterschiedliche Farbmengenabgabe erreicht. Dadurch entsteht der optische Eindruck eines echten Halbtons wie bei der Fotografie.

Die zwischen den Vertiefungen liegenden, gleichmäßig über die Druckform verteilten Stege bieten der Rakel eine sichere Auflage. Die Stege bewirken, daß die Buchstaben und Linien einen sägezahnartigen Rand zeigen, der allerdings nur unter der Lupe sichtbar ist.

Mikroaufnahmen von der Oberfläche des Tiefdruckzylinders. Oben: Mittlere Stufe einer konventionellen Ätzung. – Unten: Tiefe Stufe einer konventionellen Ätzung

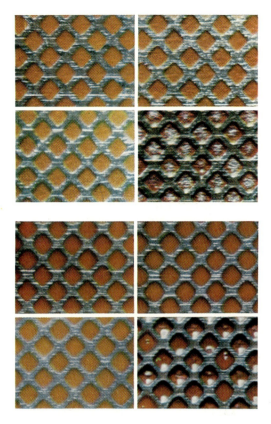

Bei der Ätzung oder der Gravur eines Tiefdruckzylinders entstehen ganz unterschiedliche Näpfchenformen.

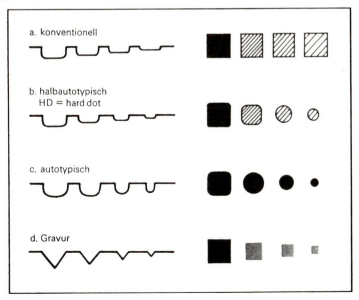

a. konventionell

b. halbautotypisch
HD = hard dot

c. autotypisch

d. Gravur

Anwendung des Tiefdrucks. Die wirtschaftliche Bedeutung des Rollentiefdruckes liegt vor allem bei der Herstellung mehrfarbiger Zeitschriften, Kataloge und Werbedrucksachen in hohen Auflagen. Es lassen sich satinierte, schwachgeleimte und damit preiswerte Rollenpapiere bedrucken. Die aufwendige Herstellung des Druckzylinders wird durch den einfach zu steuernden und schnellen Fortdruck kompensiert. Weitere Vorteile sind die geringen Farbschwankungen beim Fortdruck, die nahezu echte Halbtonwiedergabe mit feinsten Tonwertabstufungen bei den Abbildungen und die Anpassung des Zylinderumfangs an das Format des Druckbogens.

Mit diesem Verfahren lassen sich auch Verpackungen bedrucken, an die hohe Anforderungen für gleichmäßige Farbführung gestellt werden, wie sie für Markenartikel gefordert werden. Die Farbechtheit der Druckfarben ist für langlebige Verpackungen notwendig. Forderungen werden auch gestellt an die Abriebfestigkeit, Kratzfestigkeit und thermische Widerstandsfähigkeit der Farben. Für den Bedruck von Folien werden Maschinen mit niedriger Laufgeschwindigkeit eingesetzt, weil die Farbe nicht mit Wärme getrocknet werden kann.

Druckformenvorbereitung. Die Druckform ist ein *Zylinder*, der mit einer $^1/_{10}$ mm starken Kupferhaut überzogen ist als Träger der vertieft liegenden Druckelemente. Für die Montage der einzelnen Seiten werden die Filme nach einem verbindlichen Layout, zu Druckbogen ausgeschossen, zusammengestellt. Dabei ist die buchbinderische Weiterverarbeitung zu berücksichtigen. Dazu kommen noch Paßkreuze und Registermarken für die fotoelektronische Registerregelung, Graukeile für die Kontrolle der Farbführung und Falzmarken, Flattermarken und Bogensignaturen für den Buchbinder. Für diese Arbeiten können PC-Programme für immer wiederkehrende Produkte eingesetzt werden.

Zylindergravur. Das aufwendige *manuelle fotochemische Ätzverfahren* und die elektronisch gesteuerte *mechanische Diamantstichelgravur* mit einer Sekundenleistung von 4000 Näpfchen werden von der elektronisch gesteuerten *Elektronenstrahlgravur* (EBG-Gravur = Electronic Beam Engraving of Gravure Cylinders) abgelöst, die 150 000 Näpfchen in der Sekunde leistet. Die Dichtewerte der Vorlagen (wie z. B. Filme) werden von einem Abtastkopf ermittelt und in einen Rechner übertragen. Vom Rechner wird das elektromagnetische Graviersystem gesteuert, das die Gravur mit einem Elektronenstrahl ausführt. Bei der *filmlosen Gravur* (CTC-Gravur = Computer to Cylinder) werden die digitalisiert im elektronischen Bildverarbei-

Tiefdruck 149

*Im linken Bildteil die Abtastmaschine mit den aufgespannten Filmen.
Im rechten Bildteil die Gravurmaschine*

*Datensichtgerät
mit integriertem
Rechner für eine
Gravureinheit*

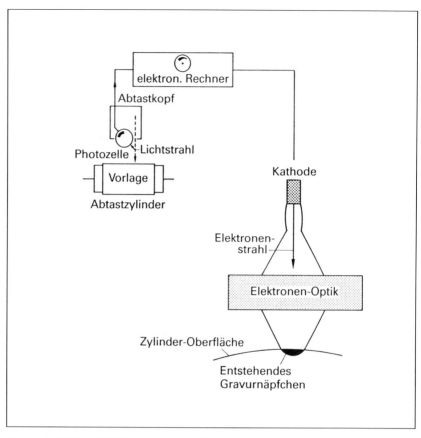

Schema der Tiefdruck-Zylindergravur mit dem Elektronenstrahl

tungssystem oder im Satzsystem gespeicherten Daten in das Graviersystem übertragen.

Zum Schutz vor Verschleiß und Verletzungen des empfindlichen Kupfers beim Auflagendruck können die Zylinder hartverchromt werden. An *verchromten Zylindern* lassen sich das Bild aufhellende nachträgliche Korrekturen ausführen. Leichte Verstärkungen von Tonwerten in einigen Bildelementen werden durch partielles Tieferätzen der Näpfchen erzielt. Leichte Aufhellungen von Tonwerten lassen sich durch Verminderung der Näpfchentiefe erreichen.

Rollenrotationsmaschinen. Für den Tiefdruck werden in den meisten Fällen großformatige Tiefdruckrotationsmaschinen eingesetzt. Neben der Papierzuführung von der Rolle besteht die Maschine aus Farbwannen, Tiefdruckzylindern, Rakelvorrichtungen, Gegendruck-

Tiefdruck 151

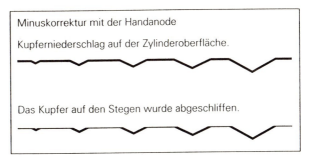

Minuskorrektur

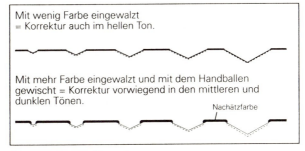

Korrekturmöglichkeiten am Tiefdruckzylinder Pluskorrekturen (Nachätzen)

zylindern (Presseur), beheizbaren Trockenkammern und der Auslage, an die in den meisten Fällen ein Falzwerk angeschlossen ist. Für die Zeitschriftenherstellung können auch Heft- und Klebeeinrichtungen integriert sein. In *Satellitenbauweise* lassen sich beliebig viele Druckwerke hintereinanderschalten.

Wie bei den Offsetmaschinen steuert eine zentrale, computergesteuerte *Fortdrucküberwachung* die Produktion. Dazu sind Steuermarken angebracht, die von einer Fotozelle bei jeder Zylinderumdrehung abgetastet werden. Wichtig ist beim schnellen Druckablauf die *Registersteuerung*, damit alle Farben, aus denen sich ein Farbbild aufbaut, passergenau zueinander angeordnet sind. Auch Farbschwankungen werden von *Farbmeßgeräten* erkannt und sofort ausgeglichen, ebenso Veränderungen des Durchlaufs der Papierbahn. Der *Papierrollenwechsel* erfolgt wie beim Rollenoffset automatisch. Wichtig ist die Rückgewinnung der Lösungsmittel nach den Vorschriften des Immissionsschutzgesetzes. Wiedergewonnene Lösungsmittel lassen sich als Verdünnungsmittel der Druckfarbe erneut dem Kreislauf zuführen.

152 Druckverfahren und Druckveredelung

Drucksaal einer Tiefdruckerei. Links und rechts eine schallschutzverkleidete Tiefdruckrotation mit 18 Druckwerken

Schema einer Achtfarben-Tiefdruckrotationsmaschine

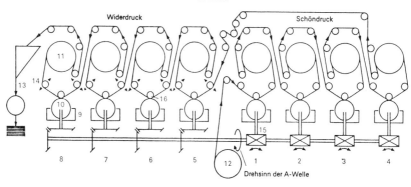

① – ⑧ die Druck-
  werke
⑨ Farbwanne
⑩ Tiefdruckzylinder
⑪ Trocknen der
  Papierbahn
⑫ Abrollen der unbe-
  druckten Papierbahn
⑬ Schema des Falz-
  apparates
⑭ Spannen der
  Papierbahn
⑮ umsteuerbares
  Getriebe
⑯ Gummi-
  presseur

Bogentiefdruckmaschinen. In den selten eingesetzten Bogenmaschinen wird von einer flach aufgespannten *fotopolymeren Kunststoffplatte* gedruckt. Auf ihnen werden Spezialdrucke hergestellt, z. B. Drucke mit Metallfarben und Leuchtfarben.

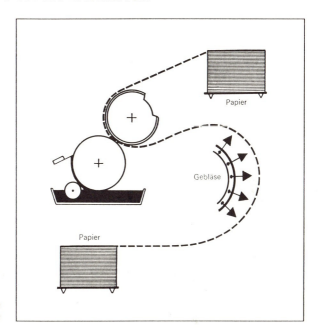

Schema des Bogentiefdrucks

Sonderverfahren im Tiefdruck. Der *Transferdruck* ist ein Übertragungsdruckverfahren, bei dem zur Wiedergabe von Dekors Farbstoffdruckfarben mit Hilfe des Tiefdruckverfahrens auf Spezialübertragungspapier gedruckt werden. Von diesem werden die Farben mit Wärme auf Gewebebahnen oder diskontinuierlich auf Einzelstücke wie Pullover gepreßt und dringen in die Textilfasern ein. Auch Offsetdruck und Siebdruck eignen sich dafür.

Beim *Wertpapierdruck* wird zum Schutz vor Fälschungen von gravierten Platten unter Verwendung von *Guillochen*, feinen ungerasterten und sich überkreuzenden Linien, mit Spezialfarben gedruckt. Häufig werden auch aus Linien aufgebaute figürliche Darstellungen eingefügt. Weil es keine Rasterstege gibt, entfällt die Rakel. Die überschüssige Farbe wird von gegenläufigen Wischwalzen von der Plattenoberfläche entfernt. Der für dieses Verfahren notwendige hohe Druck erzeugt reliefartige Strukturen.

Der dem Tiefdruck verwandte *Stahlstich* wird von einer gravierten Stahlplatte ausgeführt. Mit ihm werden repräsentative Privatdrucksachen wie Briefbögen reliefartig bedruckt.

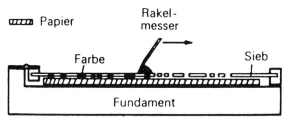

Schema des Siebdrucks auf flacher Basis

Siebdruck

Prinzip des Siebdrucks. Dieses Verfahren wird auch *Durchdruck-* oder *Schablonenverfahren* genannt. Beim Druckvorgang wird die Druckfarbe mit einer schräggestellten Rakel (Gummirakel) durch die Stellen des Siebs auf den Druckträger gedrückt, an denen es freiliegt. Anschließend muß die Farbe getrocknet werden.

Der künstlerische Siebdruck wird *Serigrafie* genannt. Der Künstler zeichnet direkt auf das Sieb oder arbeitet mit Schnittschablonen.

Schema des Siebdrucks auf zylindrischer Basis

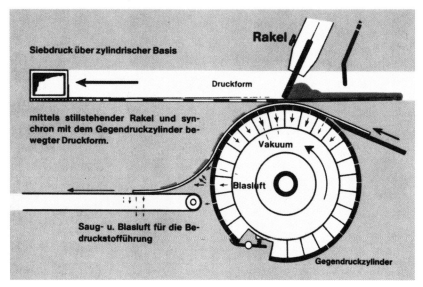

Anwendung des Siebdrucks. Mit diesem Verfahren lassen sich nicht nur Papier und Karton, sondern nahezu alle Stoffe ein- und mehrfarbig, mit Schriften oder Vollton- und Halbtonbildern, selbst mit feinem Raster bedrucken. Für den Buchbinder werden Buchdecken aus Leinen und Kunststoff, Aufkleber, Etiketten und Mappen bedruckt. Für die Werbung können Plakate und Displays mit auffallenden Farben preisgünstig selbst in niedrigen Stückzahlen hergestellt werden. Mit dem Siebdruckverfahren können auch Vierfarb-Halbtonbilder bis zu 30 Linien/cm gedruckt werden.

Druckformenherstellung. Das zu druckende Motiv, ob Schrift oder Bild, wird als Film auf die *lichtempfindliche Schicht* projiziert, die auf ein Sieb aus feinmaschigen Metall-, Kunststoff- oder Textilfäden aufgebracht wurde. Die Anzahl der Fäden liegt zwischen 50 und 150 je cm. Grobe Siebe erlauben einen starken, feine Siebe einen dünnen Farbauftrag. Beim *Belichtungsvorgang* wird die Trägerschicht an den Stellen gehärtet, die farbundurchlässig bleiben sollen. An den nichtgehärteten Stellen kann die Schicht mit Wasser abgewaschen werden, dann liegt das Sieb frei.

Schema der Siebdruckformherstellung

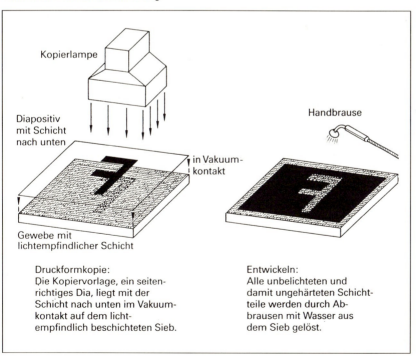

Druckformkopie:
Die Kopiervorlage, ein seitenrichtiges Dia, liegt mit der Schicht nach unten im Vakuumkontakt auf dem lichtempfindlich beschichteten Sieb.

Entwickeln:
Alle unbelichteten und damit ungehärteten Schichtteile werden durch Abbrausen mit Wasser aus dem Sieb gelöst.

156 Druckverfahren und Druckveredelung

Mikroaufnahme einer Siebdruckform mit freigelegtem Sieb, durch das die Farbe gedrückt werden kann.

Farbeingabe in einen Siebdruck-Zylindervollautomaten

Druckmaschinen. Neben den manuellen und halbautomatischen Maschinen werden Vollautomaten mit Stundenleistungen bis zu 5000 Drucken eingesetzt. Für grafische Zwecke werden vor allem *Flachbettmaschinen* benutzt, in denen der Siebrahmen mit der beweglich hin- und herstreifenden Rakel flach angebracht ist. Besonderer Sorgfalt bedarf der Trockenvorgang. Lösungsmittelfreie UV-Farben härten unter UV-Licht schnell.

Siebdruckmaschine (Svecia Silkscreen)

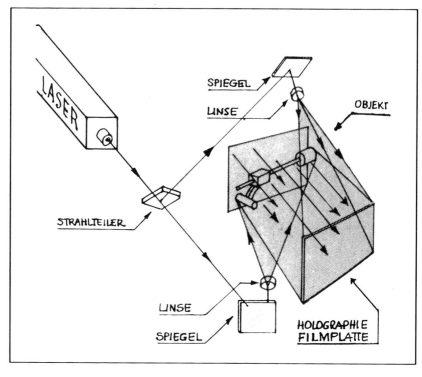

Verdeutlichung des Laserstrahlenverlaufs bei der Aufzeichnung des Hologramms

Holografie

Mit der Holografie lassen sich auf einem eindimensionalen Träger, wie z. B. Folie, Bilder *dreidimensional* räumlich darstellen. Um das Hologramm im Auflicht sichtbar zu machen, wird die Trägerschicht mit Aluminium verspiegelt. Im *Heißsiegelverfahren* können Hologramme als Folienbilder auf jedes Material, z.b. Scheckkarten oder Buchumschläge, übertragen werden. Farbige Hologramme werden für anspruchsvolle Werbung, Bildpostkarten und Verpackungen verwendet.

Zum Beleuchten des abzubildenden Objekts wird die Laserlichtquelle so angeordnet, daß ein Teil des Lichtes direkt auf das fotografische Aufnahmematerial (z. B. Filmplatte) trifft, der andere Teil des Lichtes erst nach der Durchdringung auf das Aufnahmematerial trifft. Um feinste Lichtunterschiede wiederzugeben, muß das Aufnahmematerial ein großes Auflösungsvermögen haben. Für den Betrachter entsteht dadurch ein Bild, das den scheinbaren dreidimensionalen Eindruck vermittelt.

Druckveredelung

Unter Druckveredelung vesteht man die nachträgliche Behandlung des Druckes. Man unterscheidet die Behandlung aus ästhetischen Gründen, um dem Produkt ein gefälligeres Aussehen zu geben, von der Funktion, wo der Schutz des Druckes im Vordergrund steht. Häufig vermischen sich diese Funktionen.

Folienprägungen zur optischen Aufwertung wurden schon auf der Seite 120 genannt. Diesem Zweck dient auch die nachträgliche Aufprägung von Strukturen wie beispielsweise Leinenstruktur für Briefpapiere. Die Kartonhersteller liefern Kartons mit mannigfaltigen Oberflächenstrukturen für Buchumschlage und Verpackungen.

Den besten Schutz des Gedruckten vor Verschmutzung, Abrieb und Feuchtigkeit bietet die *Folienkaschierung*. Für Schutzumschläge oder Verpackungen wird das Papier oder der Karton mit einer Polypropylen-, Acetat- oder Polyesterfolie überzogen. Diese kann glänzend oder matt sein. Weil die Abfälle nicht im Papiersektor recycelbar sind, versucht man, diese Kaschierung zu vermeiden.

Anforderungsprofile für Dispersionslack

Lackeigenschaften	*Lackverarbeitung*	*Lackfilm*
• verarbeitungsgerechte Viskosität	• geringe Schaumbildung	• Glanz
• Viskositätsstabilität	• kein Antrocknen im Lackwerk	• gute Scheuerfestigkeit
• weitgehende Lösemittelfreiheit	• gute Benetzung	• Elastizität
• in jedem Verhältnis wassermischbar	• Pumpbarkeit	• Geruchsfreiheit
• günstige Verdünnungscharakteristik	• wenig Geruch	• hohe Blockfestigkeit (naß und trocken)
• niedrige Oberflächenspannung	• kein oder geringer Pudereinsatz	• gute Heißsiegelfestigkeit
• hoher Festkörper	• kein Abliegen im Stapel	• klarer Lackfilm
• weitgehend frostbeständig	• niedriger Verbrauch	• hohe Gleitfähigkeit
• nicht kennzeichnungspflichtig		• Verklebbarkeit
		• folienheißprägbar
		• hohe Filmhaftung
		• Vergilbungsfreiheit

160 Druckverfahren und Druckveredelung

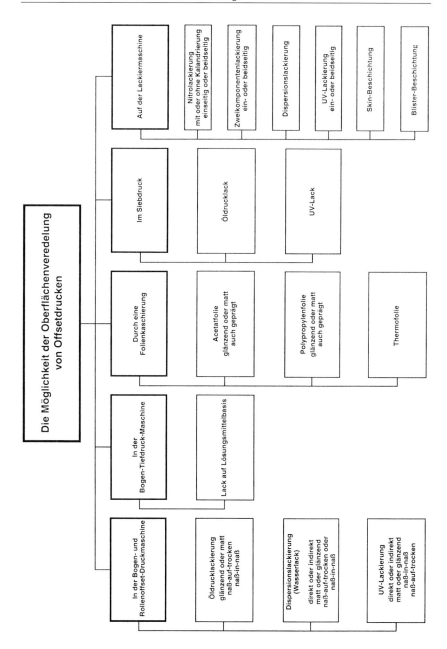

Die Möglichkeiten der Oberflächenveredelung von Offsetdrucken

Auch die *Lackierung* mit Glanz- oder Mattlack vermag den Druck mit einem schützenden Film zu schützen. Dazu müssen die Druckfarben für die zu verwendenden Lacke lackecht sein. Drucklacke können mit dem Farbwerk der Druckmaschine aufgetragen werden. Zum Lackieren kann aber auch in die Druckmaschine anstelle eines Druckwerkes ein Lackierwerk eingebaut werden. *Öldrucklacke* und *Dispersionslacke* werden in der Druckmaschine aufgetragen. Für *UV-Lacke* ist ein eigenes Lackierwerk erforderlich. Um den Lackglanz zu erhöhen, kann die lackierte Fläche heißkalandriert werden.

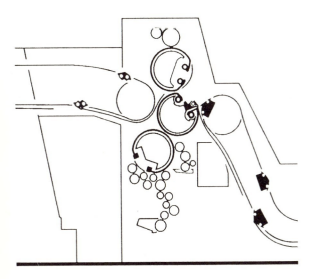

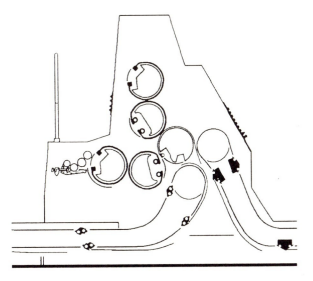

Schema der Lackiereinrichtung an einer Druckmaschine.
Oben: Lackiereinheit mit Widerdruckwerk für das Inline-Lackieren mit Roland-MAN-Offsetdruckmaschinen. Von oben wird der Bedruckstoff lackiert, von unten erfolgt der Widerdruck.
Unten: Lackiereinheit als Ergänzungseinrichtung mit einem Roland-MAN-Feuchtwerk. Der Lackauftrag erfolgt indirekt vom Plattenzylinder über den Gummituchzylinder auf den Bedruckstoff.

Druckfarben

Druckfarben bestehen aus *Farbpigmenten* für Buntfarben bzw. *Ruß* für Schwarzfarben, *Bindemitteln* aus Harzen und Mineralölfirnissen und *Lösungsmitteln* und *Druckhilfsmitteln* (siehe Abbildung auf Seite 66).

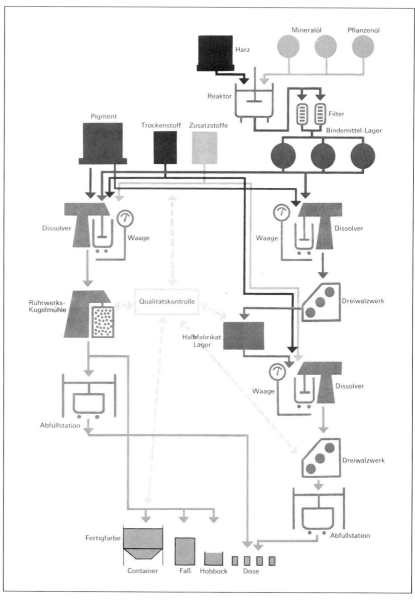

Schema der Druckfarbenherstellung

Jedes Druckverfahren benötigt geeignete Druckfarben. Bei allen Druckverfahren müssen die flüssigen oder pastosen Druckfarben sofort nach dem Druckvorgang an der Oberfläche antrocknen – in der Fachsprache »wegschlagen« genannt – und anschließend durchtrocknen. Für den Rollenoffsetdruck gibt es *Cold-set-Farben*, die rasch wegschlagen, und *Heat-set-Farben*, die im Trockenwerk der Maschine getrocknet werden. Der Tiefdruck verlangt dünnflüssige, mit Lösungsmitteln angereicherte Farben, damit das Papier die Farbe aus den Näpfchen heben kann. Die Siebdruckfarbe muß sich leicht durch das Sieb drücken lassen. Für den Druck von Verpackungen kann Lebensmittelechtheit erforderlich sein. Plakate, die dem Sonnenlicht ausgesetzt sind, werden mit lichtechten Farben gedruckt.

Zunehmend werden Druckfarben eingesetzt, die sich beim Altpapier-Recycling im De-Inking-Verfahren leicht herauslösen lassen, z.B. Farben auf Wasserbasis.

Für die genaue Bestimmung der Druckfarben gibt es Farbkataloge der Hersteller, die auch Farbeigenschaften wie lichtecht oder lackierfähig nennen. Die Farbenfabriken Hostmann-Steinberg, Kast + Ehinger und Schmincke geben gemeinsame Farbfächer mit Nummernbezeichnung heraus, z. B. HKS 64 K: grüner Farbton für den Druck auf gestrichenes Papier.

Bei Gold- und Silberdruckfarben bestehen die Pigmente aus Bronze- bzw. Aluminiumstaub.

Für den reibungslosen Offsetdruck können den Druckfarben für bestimmte Zwecke *Druckhilfsmittel* zugesetzt werden. Ansonsten aber sind Druckfarbe und Bedruckstoff weitgehend aufeinander abgestimmt, so daß auf diese Hilfsmittel verzichtet werden kann. *Trokkenpasten* können die Trocknung der Farbe beschleunigen. *Scheuerschutzpasten* tragen zur Verbesserung der Scheuerfestigkeit bei. *Fluide* können das Antrocknen der Druckfarbe auf den Walzen verhindern.

empfohlene Lichtechtheitsstufe	Druckerzeugnis
1 und 2	Fahrscheine, Obsttüten, Papiertragetaschen, Papierservietten
3 und 4	Prospekte und Kataloge, die nicht dem direkten Tageslicht ausgesetzt werden
5	Verpackungen für höhere Ansprüche, die längere Zeit in Regalen stehen
6	Buchumschläge, Kartenwerke, Plakate bis zu vier Wochen Aushängezeit im Tageslicht
7 und 8	Langhängende Außenplakate, Tapeten

Lichtechtheitsstufen:
1 = sehr gering, 2 = gering, 3 = mäßig, 4 = ziemlich gut, 5 = gut, 6 = sehr gut,
7 = vorzüglich, 8 = hervorragend

Der Buchbinder.

Ich bind allerley Bücher ein/
Geistlich vnd Weltlich/groß vnd klein/
In Perment oder Bretter nur
Vnd beschlags mit guter Clausur
Vnd Spangen/vnd stempff sie zur zier/
Ich sie auch im anfang planier/
Etlich vergüld ich auff dem schnitt/
Da verdien ich viel geldes mit.

Druckweiterverarbeitung

Druckerzeugnisse müssen in den meisten Fällen vom Buchbinder zu verkaufsfähigen Produkten weiterverarbeitet werden. Diese Verarbeitung kann vom einfachen Falzen von Prospekten bis zum Binden hochwertiger Drucke in kostbarem Leder reichen. Weil die Produkte des Buchbinders in der Regel den Kunden verpackt erreichen, gewinnen die Forderungen der Verpackungsverordnung und des Recycling an Bedeutung.

Bereits die mittelalterlichen Handschriften wurden in kostbare Einbanddecken eingebunden. Mit dem Aufkommen des Buchdrucks band man die einzelnen Lagen oder die vollständigen Buchblöcke bis zum Beginn des 20. Jahrhunderts in spezialisierten handwerklichen Buchbindewerkstätten. Gegenwärtig wird beim Buchbinder auf Buchfertigungsstraßen produziert. Aus kosten- und zeitsparenden Gründen wird zunehmend das Online-Verfahren eingesetzt: Die Drucke durchlaufen von der Druckmaschine bis zur vollautomatisch gesteuerten Bindestraße und anschließenden versandgerechten Verpackung alle Stationen der Fertigung.

Falzung

Der Falzvorgang ordnet die auf dem Druckbogen ausgeschossenen Seiten in der richtigen Reihenfolge für die weitere Verarbeitung in der Buchbinderei. Falzprodukte können aber auch bereits Endprodukte sein wie Prospekte, Zeitungen oder Landkarten. Dafür eignen sich vor allem der Zickzackfalz, der Parallelfalz und der Wickelfalz. Bei ihnen liegen alle Falzbrüche parallel zueinander.

Parallelbrüche

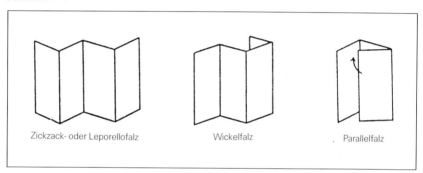

Für die Bindung von Büchern wird vor allem der *Kreuzbruch* verwendet, bei dem zwei oder mehr Falzbrüche rechtwinklig zueinander stehen. Grundsätzlich wird zwischen *Taschenfalz*, bei dem der Bogen zwischen gegenlaufende Walzen gepreßt wird, und *Schwertfalz*, bei dem ein sogenanntes Schwert den Bogen zwischen zwei Walzen drückt, unterschieden.

Taschenfalz und Schwertfalz

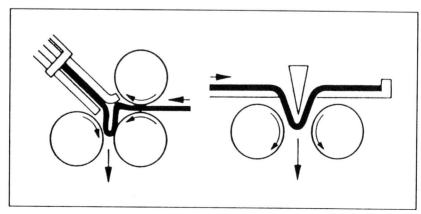

Falzung 167

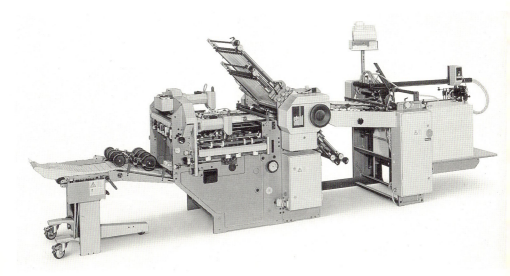

Kombinierter Falzautomat mit 4 Taschen- und 2 Schwertfalz-Aggregaten (Stahl)

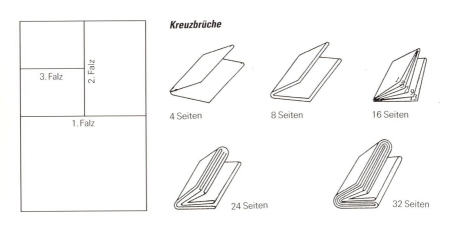

Je nach dem Ausschießschema des Druckers erhält man Dreibruchbogen zu 16 (ganzer Bogen) oder Vierbruchbogen zu 32 Seiten (Doppelbogen). Der Einbruchbogen (Viertelbogen) umfaßt 4 Seiten, der Zweibruchbogen (halber Bogen) 8 Seiten. Neben diesen geläufigen Werten sind nach der Größe der Druckmaschine auch andere Seitenzahlen für einen Druckbogen möglich. Werden 24seitige oder

32seitige Bogen gedruckt, verringern sich die Buchbindekosten, weil weniger Zusammentragstationen und bei der Fadenheftung weniger Heftvorgänge notwendig sind. Wird zu mehreren Nutzen gedruckt, d. h. umfaßt ein *Druckbogen* mehrere *Falzbogen*, müssen die Druckbogen zu Falzbogen geschnitten werden.

Beim Druck auf Rotationsmaschinen wird häufig die Falzung direkt nach dem Druckvorgang an der Druckmaschine ausgeführt. Die gefalzten Bogen können auch zur Online-Verarbeitung direkt in die Buchfertigungsstraße eingeleitet werden.

Zusammentragung

Vor der weiteren buchbinderischen Verarbeitung müssen die einzelnen Falzbogen zu Buchblöcken auf dem *Sammelhefter* zusammengetragen werden. Zur optischen Kontrolle der richtigen Reihenfolge der Bogen sind mitgedruckte *Flattermarken* notwendig. Diese werden von einer Fotozelle nach ihrer Position überprüft.

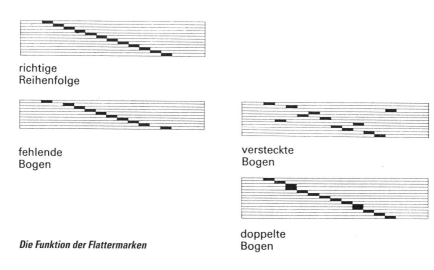

Die Funktion der Flattermarken

Eine automatische Kontrolle zum Erkennen der richtigen Reihenfolge bietet das mit Sensoren arbeitende »Opticontrol-System«. Es erkennt die Falzbogen am Druckbild. Flattermarken sind daher nicht notwendig.

Zusammentragung 169

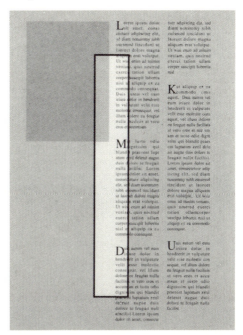

Bogenerkennung mit einem elektronischen Prüfsystem.
Oben: Während der Kontrollphase werden die von jedem Bogen eingelesenen Daten mit den während der Lernphase bestimmten Werten verglichen.
Unten: Mit dem Opticontrol-System kann in Sammelheftern und in Fadenheft- oder Falzmaschinen kontrolliert werden. (Opticontrol von Optigraf AG)

Heftung

Rückenheftung. Die Heftart wird auch *Rückstichbroschur* oder *Einsteckbroschur* genannt. Bei dieser Heftart werden die einzelnen Bogen durch Drahtklammern in der Heftmitte mit dem Umschlagkarton zusammengehalten. Zeitschriften, dünne Kataloge und Broschüren bis zu 96 Seiten sind für diese preiswerte Heftung geeignet. Das Papier sollte stabil sein, damit die Klammern beim Lesen nicht ausreißen. Auf vollautomatischen Sammelheftern werden die Druckbogen ineinandergesteckt, der Umschlag darumgelegt und die Klammern von außen nach innen durch den Rücken geschlagen. Nach dem Heftvorgang wird der Buchblock dreiseitig beschnitten. Bei der Herstellung von Zeitschriften können in dieser Anlage Prospekte als Beihefter eingeheftet oder als Beilage eingelegt werden. Anschließend werden die Hefte verpackt.

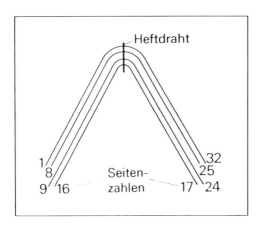

Schema der Rückenheftung von 32 Seiten

Sammelhefter für Rückenheftungen. Gefalzte, am Bund geschlossene Bogen werden ineinandergesteckt (Einsteckbroschur) und im Rücken mit Drahtklammern geheftet. (Müller Martini)

Eine besondere Heftart, der Rückenheftung verwandt, ist die *seitliche Blockheftung*, bei der nahe dem Rücken seitlich Drahtklammern durch die aufeinanderliegenden Bogen geschlagen und am Rücken geschlossen werden. Zur Abdeckung der Klammern kann um den Rücken ein Streifen Karton oder Leinen geklebt werden. Oder das Produkt wird in einen Kartonumschlag eingehängt. Diese Heftart hat den Nachteil, daß bei dickem Papier die Seiten nicht aufgeschlagen liegenbleiben.

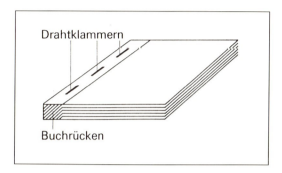

Schema der seitlichen Blockheftung

Klebebindung. Die Druckbogen werden nach dem Zusammentragen im vollautomatischen *Sammelhefter* am Rücken aufgeschnitten, so daß der Buchblock aus einzelnen Blättern besteht. Außerdem wird der Buchblock am Rücken durch Fräsen aufgerauht, oder es werden feine Schlitze eingekerbt. Der anschließend auf den Buchrücken von Walzen aufgetragene Leim kann dadurch die einzelnen Blätter besser miteinander verkleben. Der Umschlag wird am Buchrücken mit dem Buchblock verklebt und angepreßt. Für längere Haltbarkeit wird *Dispersionskleber* (Kaltkleber) verwendet, der in die Papierfasern eindringt. Preiswerter und schneller zu verarbeiten ist der *Hotmelt-Schmelzkleber* (Heißkleber). Die Haltbarkeit der Bindung hängt von der Alterungsbeständigkeit des verwendeten Klebstoffes ab. Bei unsachgemäßer Aufbewahrung des Druckerzeugnisses wird der Kleber spröde und brüchig, und es zerfällt in einzelne Seiten. Gestrichene Papiere eignen sich nicht für die Klebebindung, weil der Klebstoff nicht die Papierfasern vernetzen und damit verbinden kann.

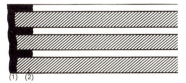

Schema der Klebebindung: Der Kunstharzkleber (1) hält die Seiten (2) zusammen.

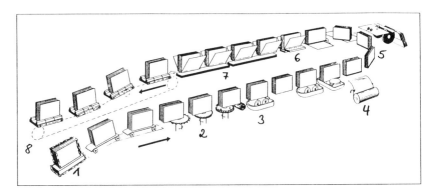

Schema einer Klebebindestraße: *1 Einfuhr, 2 Frässtation, 3 Leimstation, 4 Hinterklebe- und Fälzelstation, 5 Umschlaganleger mit Rillstation, 6 Anpressung des Umschlages, 7 Hochfrequenz-Leimtrocknung, 8 Ausfuhr*

Um die Haltbarkeit der Klebebindung zu verbessern, wird für Produkte, die länger halten sollen oder großen Beanspruchungen ausgesetzt sind, mit anderen Leimen, wie z. B. *PUR-Klebstoffe* (Polyurethan), gearbeitet. Eine weitere Möglichkeit, die Haltbarkeit zu verbessern und ein Herauslösen einzelner Seiten beim häufigen Gebrauch zu vermeiden, bietet das Ankleben eines Rückenfälzels. Als *Fälzel* wird ein Werkstoffstreifen aus Papier oder Gewebe bezeichnet. Dazu kommen noch die Vorsätze. Gewöhnlich kommt als nächste Station der Weiterverarbeitung der Deckenband.

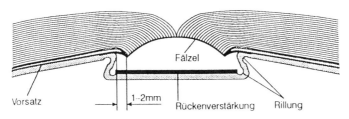

Das Aufschlagverhalten bei der Kösel-FR-Vorsatzbroschur mit vierfach gerilltem Umschlag und Rückenstabilisierung

FR-Bindesystem von Kösel mit der Verwendung eines Rückenfälzels und Vorsätzen

Fadenheftung. Die zusammengetragenen Bogen werden auf Fadenheftmaschinen mit Zwirnfaden durch die Bogenmitte im Buchrücken miteinander verknüpft. Um der Heftung mehr Haltbarkeit zu geben, wird der Buchrücken zusätzlich mit Leim bestrichen und gefälzelt. Die Fadenheftung ist die haltbarste Heftart. Es können alle Arten von Papier problemlos verwendet werden.

Der Fadenheftung verwandt ist das *Fadensiegeln*. Die durch den Buchrücken von innen nach außen geführten schmelzbaren Fäden werden mit dem Papier verklebt.

Das Schema der Fadenheftung

② Nähnadel, ③ Hakennadel, ④ Greifer

Vorstechen des Bogens von unten mittels Nadeln *(links oben)*.
Näh- und Hakennadeln dringen durch die Löcher nach unten und werden dann 2 bis 3 mm zurückgezogen. Dadurch entsteht eine Öse, die der Greifer erfaßt *(rechts oben)*.
Der Greifer zieht den Faden über die Hakennadeln hinaus und kippt in deren Richtung. Der eine Faden liegt nun an der Hakennadel an *(links unten)*.
Bei der folgenden Aufwärtsbewegung erfaßt die Hakennadel den anliegenden Faden. Der Greifer läuft zurück und hängt den Faden aus. Die Hakennadel dreht sich um 180° und zieht den Faden durch die Schlinge *(rechts unten)*.

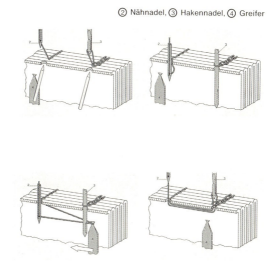

Fadenheftmaschine. Der geöffnete Bogen liegt auf dem Heftsattel und wird von Näh- und Hakennadel durchstochen. So wird Bogen um Bogen zu einem Buchblock verbunden. (Müller Martini)

Ring- und Spiralbindungen. Bei Kalendern und Produkten, die aufgeschlagen liegenbleiben müssen, wie z. B. Bauanleitungen, werden die einzelnen Blätter mit einer Spirale oder einem Kamm aus Kunststoff oder Metall zusammengehalten. Bei dieser teuren Heftart bleiben die Seiten aufgeschlagen, auch wenn stärkeres Papier oder Karton für das Druckwerk verwendet wird. Vom Papier wird hohe Reißfestigkeit verlangt, damit die Perforation nicht ausreißt.

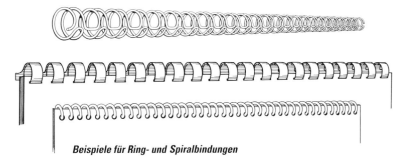

Beispiele für Ring- und Spiralbindungen

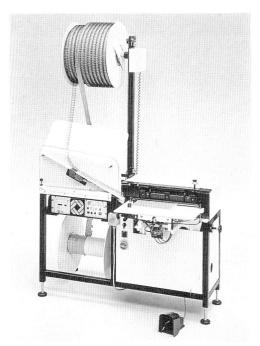

Halbautomatische Drahtkamm-Bindemaschine für Blocks und Kalender (Renz)

Loseblattsammlungen können in Ringbuchordnern angeboten werden, die das Herausnehmen, Austauschen oder Ergänzen einzelner Blätter möglich machen. Auch hier ist reißfestes Papier von Vorteil.

Bindung

Broschur. Zu den Broschuren zählen alle Produkte, vor allem Taschenbücher, bei denen die gefalzten und gehefteten Druckbogen in einen Kartonumschlag eingelegt werden, der am Buchrücken angeklebt wird. Broschuren sind in den meisten Fällen klebegebunden, können aber auch fadengeheftet sein. Um das Aufschlagverhalten der Seiten zu verbessern, wird der Umschlag zwei- oder vierfach gerillt. Für den Umschlag werden flexible Kartonsorten zwischen 250 und 350 g/m² verwendet, die zum Schutz des Aufdruckes und zur besseren Haltbarkeit nach dem Bedrucken mit Lack versiegelt oder mit Folie überzogen werden können. Für die kartonierte Broschur wird steifer, vierfach gerillter Karton genommen. Diese Bindeart wird auch als »Paperback« bezeichnet, mit einem aus den USA kommenden Begriff für Bücher mit einem steifen Kartonumschlag. Nach dem Bindevorgang werden die Broschuren dreiseitig glatt beschnitten und für die Auslieferung in Packpapier oder – immer weniger – in PVC-Schrumpffolie verpackt.

Zu den Broschuren zählen auch Rückenheftungen, Spiralheftungen und seitliche Blockheftungen.

Vollautomatische Klebebindestraße im Hotmelt-Verfahren (Müller Martini)

Englische Broschur. Diese selten verwendete und teure Bindeart kann für die Herstellung bibliophiler Werke mit geringem Umfang eingesetzt werden. Der geheftete Buchblock wird in einen unbedruckten Kartonumschlag eingehängt. Nach dem dreiseitigen Beschnitt wird ein Schutzumschlag umgelegt, der am Rücken mit dem Buchblock verbunden wird. Für den Druck wird schönes Text- und Umschlagpapier verwendet, um dem Produkt ein edles Aussehen zu geben.

Deckenband. Diese Bindeart wird auch *Hardcover* genannt. Für den Deckenband wird der fadengeheftete oder klebegebundene Buchblock in eine Einbanddecke eingehängt, die in einem gesondertem Arbeitsgang in der Deckenmachmaschine angefertigt wird. Die 1 bis 2 mm starken Maschinenpappen der Deckel und der Rückenschrenz werden mit dem Überzugsmaterial überzogen. Dafür kann Gewebe (Leinenbände bzw. Ganzgewebebände), reißfestes Papier (Pappbän-

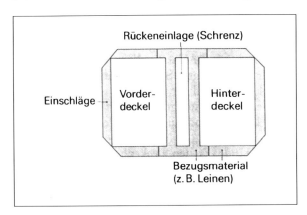

Die Bestandteile der Buchdecke

Klassischer Bucheinband (Deckenband)

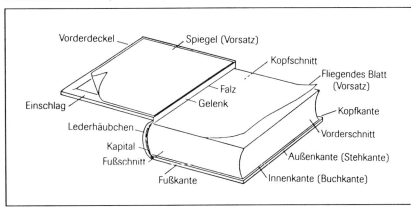

de) oder Leder (Lederbände) verwendet werden. Auf die Buchdecken, soweit sie nicht im Siebdruck- oder Offsetverfahren bedruckt sind, kann der Buchtitel mit Farbfolien geprägt oder auf Titelschildchen gedruckt oder geprägt aufgeklebt werden. Für spezielle Fälle wird die Decke aus verstärkter, abwaschbarer und feuchtigkeitsabweisender PVC-Folie hergestellt.

In der Buchfertigungsstraße werden die beiden *Vorsätze* mit Spiegel und fliegendem Blatt an die erste und letzte Seite des Buchblocks angeklebt. Mit den Vorsätzen wird also der Buchblock mit der Buchdecke verbunden, deshalb muß das Vorsatzpapier reißfest sein. Die zweite und dritte Seite der Vorsätze werden gelegentlich auch mit schmückenden Bildern oder Informationen wie Landkarten u.ä. bedruckt. Nach dem Aufkleben der Gaze und eines Packpapierstreifens, in edler Ausstattung gehülst, auf den Buchrücken und dem Beleimen wird der Buchblock dreiseitig beschnitten und auf Wunsch gerundet. Nicht gerundete Bücher, sogenannte *Kastenbände*, behalten den geraden Rücken. Die Rundung läßt ein Buch gefällig aussehen und erleichtert das Aufschlagen.

Auf Wunsch kann ein das Buch schmückendes *Kapitalband* oben und unten an den Buchblockrücken geklebt werden. Anschließend wird der Buchblock mit den beleimten Vorsatzblättern verbunden und angepreßt. Um das Aufschlagverhalten zu verbessern, müssen die sogenannten *Falze* eingepreßt (eingebrannt) werden.

Zum besseren Aussehen der Deckenbände kann ein *Farbschnitt* oder *Goldschnitt* angebracht werden. Nicht eingefärbte Schnitte werden als *Weißschnitt* oder *Naturschnitt* bezeichnet. Oben am Buchblock angeklebte *Lesebändchen* erleichtern die Benutzung von Nachschlagewerken.

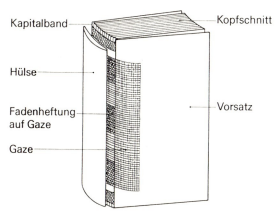

Die Bestandteile des Buchblocks

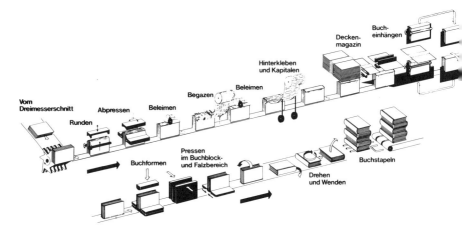

Schema einer Deckenbandstraße, in der fadengeheftete oder klebegebundene Buchblocks mit der Einbanddecke verbunden werden.

Anschließend wird der *Schutzumschlag* um die Buchdecke gelegt. Der Schutzumschlag hat weniger die Buchdecke zu schützen, er dient vielmehr durch auffällige Gestaltung der Gewinnung von Aufmerksamkeit. Auf den Klappen des Schutzumschlages findet der Leser Informationen über das Werk, Hinweise zum Autor und auf andere Bücher des Verlages. Bei Büchern, die in transparente Folie eingepackt werden, stehen diese Informationen häufig auch auf der vierten Seite des Schutzumschlages.

Verpackung

Die fertigen Produkte werden in Packpapier eingeschlagen oder in Schrumpffolie staubdicht und feuchtigkeitsabweisend eingeschweißt. Die Beseitigung der *Polyethylenfolie* muß nach den Vorschriften der *Verpackungsverordnung* vorgenommen werden. Auf die Folie wird der sogenannte «Grüne Punkt» aufkaschiert, der die Entsorgung dieser Verkaufsverpackung markiert.

Etikettmuster für den »Grünen Punkt« und für den EAN-Code

Maschine für die Folieneinschweißung von Büchern (Haussmann)

Umfangreiche oder besonders wertvolle Bücher werden in einen Schuber aus Graupappe eingesteckt, um sie vor Transportschäden zu schützen.

Die Bücher mehrbändiger Reihenwerke können zusammen in eine *Kassette* eingesteckt werden. Diese dient weniger dem Schutz als vielmehr der Verkaufsförderung. Zu diesem Zweck wird sie mit den eingesteckten Büchern harmonierend gestaltet.

Zunehmend muß auf Wunsch der Buchhändler zur *Internationalen Standard-Buchnummer* (ISBN) der *EAN-Balkencode* (European Article Number) auf den Umschlag aufgedruckt werden, der die Identifikation mit Ladenpreis und Artikelnummer durch Scanner-Ladenkassen erlaubt.

Geläufige Abkürzungen. Für die Bibliographie sind Kurzbezeichnungen von Heft- und Einbandarten notwendig. Einige davon lauten:

geh = Rückenheftung
Br = Broschur
kart = Kartoniert
Ln = Leinen-(Gewebe-)Einband
Ld = Ledereinband
Pp = Pappband
Kst = Kunststoffeinband
geb = in Fadenheftung gebunden

Für einige Bibliografien werden auch davon abweichende Abkürzungen verwendet.

Der Papyrer.

Ich brauch Hadern zu meiner Mül
Dran treibt mirs Rad deß waſſers viel/
Daß mir die zſchnitn Hadern nelt/
Das zeug wirt in waſſer einquelt/
Drauß mach ich Pogn auff dē filtz bring/
Durch preß das waſſer darauß zwing.
Denn henck ichs auff/laß drucken wern/
Schneweiß vnd glatt/ſo hat mans gern.

Bedruckstoff Papier

Papier ist der wichtigste Informationsträger. Bücher, Zeitungen, Zeitschriften, Prospekte und Plakate werden auf Papier gedruckt. Weil dafür riesige Mengen Nadelholz als Faserrohstoff benötigt werden, gewinnt die Wiederverwertbarkeit des Papiers im Recyclingverfahren immer größere Bedeutung. *Altpapier* ist in Deutschland der am meisten verwendete Rohstoff für die Papierherstellung. Deutsche Tageszeitungen werden auf Papier gedruckt, das aus 70% Altpapier gefertigt wird. Der Anteil ist steigend. Auch für die Herstellung von Karton, Pappe, EDV-Formularpapier, Kopierpapier und Verpackungsmaterial wird Altpapier in großen Mengen verwendet.

182 Bedruckstoff Papier

Papier ist ein traditionsreicher Bedruckstoff. Die Erfindung wird dem Chinesen Tsai Lun im Jahre 105 v. Chr. zugeschrieben. Seit Beginn des 14. Jahrhunderts wird in Deutschland Papier als handgeschöpftes Büttenpapier hergestellt. Ohne Papier hätte sich der von Johannes Gutenberg gegen 1450 n. Chr. erfundene Buchdruck nicht so schnell ausbreiten können.

Das Papier bestimmt wesentlich das Aussehen eines Druckwerkes. Prospekte für Nobelprodukte werden gern auf glänzend gestrichenes Papier gedruckt, das einen edlen Eindruck erweckt. Für Bücher wird oft leicht gelblich eingefärbtes Papier benutzt, um das Lesen angenehmer zu machen. Weil Papier teuer ist, muß auf die Wahl der für das Druckwerk angemessenen Papiersorte geachtet werden.

Neben dem optischen Eindruck werden für grafische Papiere weitgehende Knitterfestigkeit und eine von Verunreinigungen freie Papieroberfläche verlangt. Eine gleichmäßige Verteilung der Papiermasse verbessert die Haltbarkeit. Für den Druck von Büchern, die lange halten sollen, ist zudem die *Alterungsbeständigkeit* des Papiers zu berücksichtigen.

Herstellung von handgeschöpftem Büttenpapier mit dem Papiersieb nach mittelalterlicher Art

Faserstoffe

Die Faserstoffe, das sogenannte Halbzeug, bilden mit 60 bis 80% den wesentlichen Bestandteil der Papiermasse. Sie werden vor allem aus dem langfasrigen Nadelholz erzeugt. Es wird zwischen *Primärfaserstoffen* (Frischfasern) wie Holzschliff und Zellulose und *Sekundärfaserstoffen* aus dem Recyclingverfahren unterschieden.

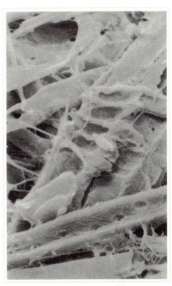

Mikroskopische Aufnahmen von Faserstoffen in 420facher Vergrößerung.
Links: Nadelholz-Zellstoff mit weichen, geschmeidigen Fasern.
Rechts oben: Holzschliff mit unversehrten Fasern und Faserteilchen.
Rechts: Altpapierfasern mit bei der Wiederaufbereitung verkürzten Fasern

Holzschliff. Die aus Holzschliff hergestellten Papiere heißen *holzhaltige Papiere*. Beim herkömmlichen *Holzschliff* werden die entrindeten Holzstämme zwischen Schleifsteinen unter Zugabe von viel Wasser zu Fasern geschliffen. Das in den Fasern enthaltene Lignin läßt das daraus hergestellte Papier unter Lichteinwirkung vergilben und macht es brüchig.

Beim *thermomechanischen Schleifverfahren* wird geschnitzeltes Holz mit Wasserdampf unter Überdruck zwischen Mahlscheiben gemahlen. Beim *chemo-thermomechanischen Verfahren* werden Chemikalien zur Aufweichung und Ausscheidung des Lignins zugesetzt.

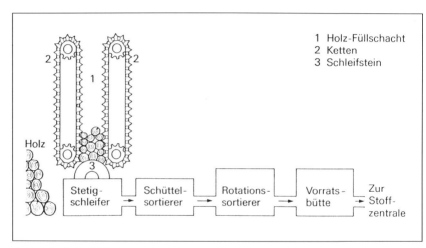

Schema der Holzschliffherstellung

Schema der Zellstoffherstellung

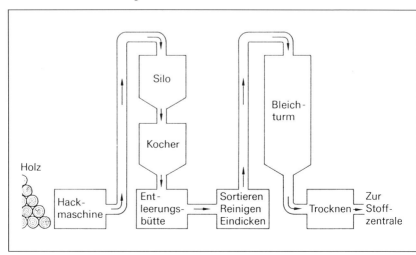

Zellstoff. Das aus Zellstoff hergestellte Papier wird *holzfreies Papier* genannt. Zellstoff wird aus Holz durch einen Kochvorgang unter Hochdruck hergestellt. Lignin und Harze werden herausgelöst und entfernt. Für die Produktion weißer Papiere wird gebleichter Zellstoff benötigt, wobei zur Bleiche Sauerstoff zugeführt wird.

Altpapier. Für die Papierherstellung wird Altpapier unter Zugabe von Wasser zerfasert und von Fremdstoffen wie Heftklammern gereinigt. Aus bedruckten Papieren müssen in der *De-Inking-Anlage* die Druckfarben entfernt werden. Dazu werden im Flotationsverfahren Natronlauge, Wasserstoffperoxid und andere Chemikalien zugegeben. Durch Einwirbeln von Luft bildet sich Schaum, der die Farben bindet,

Schema der Altpapieraufbereitung

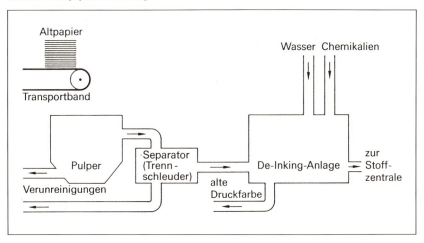

Stofflöser-Anlage zur Aufbereitung von Altpapier, in der Verunreinigungen und Farben beseitigt werden.

damit sie abgeschöpft werden können. Bei unbedruckten Papieren wie Buchbinderabschnitten entfällt das De-Inking.

Anschließend kann für die Herstellung von grafischen Papieren die Masse gebleicht werden. Weil sich beim Recycling die Fasern verkürzen und damit die Bedruckbarkeit und Haltbarkeit des Papiers beeinträchtigt wird, gibt man bei der Herstellung von grafischen Papieren einen bestimmten Anteil Primärfaserstoffe hinzu. Papier, das nur aus Altpapier produziert wird, kann für einfache Drucke eingesetzt werden, die man nur kurze Zeit aufbewahrt.

Hadern und Lumpen. Papiere, an die der höchste Anspruch an Dauerhaftigkeit gestellt wird, werden zu 100% aus Leinen- oder Baumwollabfällen produziert. Man verwendet sie beispielsweise für Urkunden. Handwerklich angefertigtes handgeschöpftes *Büttenpapier* mit den ausfasernden Papierrändern wird als edles Schreibpapier angeboten. Es ist von den unechten Büttenpapieren zu unterscheiden, bei denen die Büttenränder künstlich nachgemacht sind.

Papierherstellung

Stoffaufbereitung. Die Faserstoffe werden in der Stoffaufbereitung mit viel Wasser aufgeschwemmt und anschließend im *Refiner* gemahlen, um den Fasern die gewünschte Festigkeit zu geben.

In der *Stoffzentrale* werden Leime zum Verbinden der Fasern, mineralische Erden (Füllstoffe) zum Ausfüllen der Faserabstände und bei Bedarf optische Aufheller oder Farben zugegeben. Die Menge der zugegebenen Füllstoffe regelt das Durchscheinen des Papieres,

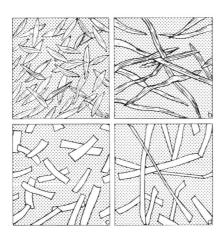

Beispiele für das Mahlen der Fasern.
Oben links: Ungemahlene Fasern für Löschpapier. Oben rechts: Schmierige Mahlung für Transparentpapier.
Unten links: Rösche Mahlung (kurzfasrig) für Werkdruckpapier. Unten rechts: Rösche Mahlung (langfasrig) für Schreibpapier

Mahlanlage mit Scheibenrefiner

die *Opazität*. Damit ein Papier nicht von innen heraus zerfällt, sondern eine Hunderte von Jahren dauernde Alterungsbeständigkeit aufweist, wird für den Bücherdruck neutral geleimtes, säurefreies Papier verwendet. Diese flüssige Papiermasse wird als *Ganzzeug* bezeichnet.

Herstellung der Papierbahn. Die Papiermasse wird aus der Stoffzentrale gleichmäßig verteilt in die *Papiermaschine* gegeben.

Die eingeleitete Menge bestimmt das *Grammgewicht des Papiers*, das in Gramm pro Quadratmeter (g/m^2) angegeben wird. Auf der Siebpartie tropft das Wasser ab, und die Fasern verfilzen sich. In hochwertige Papiere kann mit dem *Egoutteur* das Wasserzeichen in die feuchte Papiermasse eingepreßt werden. Anschließend durchläuft die Papierbahn zur Festigung ein System von *Preßwalzen* (Gautschwalzen) zur mechanischen Entwässerung, *Trockenwalzen* zur thermischen Trocknung und das *Glättwerk* zur Ebnung der Papieroberfläche. Dieses Papier wird als *maschinenglatt* bezeichnet. Es ist die Sorte, auf der die meisten Bücher gedruckt werden. Je nach dem Verwendungszweck wird das Papier in Planobogen oder in Rollen an die Druckereien geliefert.

188 Bedruckstoff Papier

Stoffzentrale

Stoffauflauf mit Siebpartie

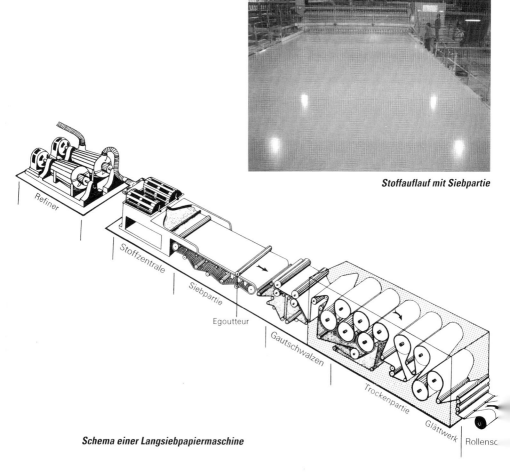

Schema einer Langsiebpapiermaschine

Papierherstellung 189

Trockenzylinder

Querschneider

Langsiebpapiermaschine

Laufrichtung. In der Papiermaschine ordnen sich die Fasern in der Richtung des Durchlaufs durch die Papiermaschine, der Laufrichtung. In dieser ist das Papier zug- und dehnfest. Bei Feuchtigkeitseinflüssen verändert sich das Papier in der *Dehnrichtung*. Die Laufrichtung muß im Buch parallel zum Buchrücken laufen, damit sich nicht durch Feuchtigkeitseinfluß der Buchblock wellt und dadurch unansehnlich wird.

Bogenpapier wird in *Breitbahn* oder in *Schmalbahn* geschnitten geliefert. Die Bahnbreite wird durch Unterstreichen oder mit dem Zusatz SB (Schmalbahn) bzw. BB (Breitbahn) gekennzeichnet, z. B. 95 cm (SB) x 132 cm; 95 × 132 cm.

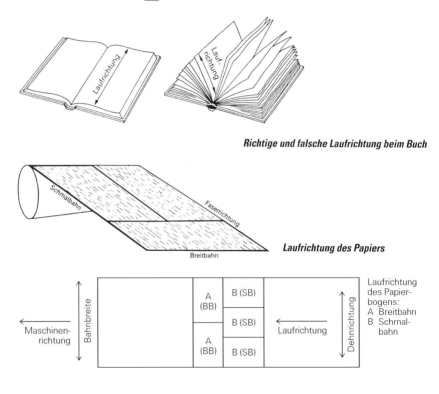

Papierveredelung. Für *satinierte Papiere* (Illustrationsdruckpapiere) mit glatter Oberfläche wird das Papier zwischen Kalanderwalzen geglättet. Es wird vor allem für den mehrfarbigen Zeitungsdruck und den Tiefdruck eingesetzt. *Gestrichene Papiere* (Kunstdruckpapiere) erhalten im Streichwerk eine glatte Beschichtung aus Weißpigmenten und Bindemittel. Sie können hochglänzend und mattglänzend produziert werden. Auf sie werden vor allem Halbtonbilder gedruckt, die zur Rasterwiedergabe eine glatte Oberfläche benötigen.

Glätten der Papieroberfläche im Kalander durch hochpolierte Metall- und Papierwalzen

Zur optischen Verbesserung kann in die Papieroberfläche eine *Struktur* eingepreßt werden, wie z. B. Feinleinenstruktur für Schreibpapier. Tintenfeste Papiere haben eine besondere Oberflächenleimung.

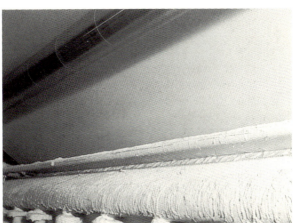

Streichanlage

Gebräuchliche Druckpapiere

Werkdruckpapier. Das sind maschinenglatte Papiere zur Herstellung von Büchern zwischen 60 und 100 g/m² und 1- bis 2½fachem *Volumen*. Volumen ist die Bezeichnung der Papierdicke, deren Formel lautet:

$$\frac{\text{Papierdicke in mm} \times 1000}{\text{Papiergewicht in g/m}^2} \quad \text{z. B.} \quad \frac{0{,}18 \text{ mm} \times 1000}{80 \text{ g/m}^2} = 2{,}25\text{faches Volumen}$$

Hochvolumige Papiere sind schwach geleimt und neigen zum Stauben. Werkdruckpapiere sind in der Regel holzfrei, können aber auch aus Faserstoffmischungen produziert sein.

Bilderdruckpapier. Diese Papiere eignen sich für den Druck von Halbtonbildern. Sie werden satiniert oder gestrichen, matt- oder hochglänzend, zwischen 80 und 120 g/m², geliefert.

Zeitungs- und Zeitschriftenpapier. Dafür wird reiß- und zugfestes satiniertes Rollenpapier zwischen ca. 40 und 77 g/m² verwendet, auch *LWC-Papier* (light weight coated) genannt. Es wird als Rollenpapier geliefert.

Offset- und Tiefdruckpapier. Für den Bogendruck wird es in Planobogen geliefert. Offsetpapier muß rupffest und staubarm sein. Für den Tiefdruck wird satiniertes, geschmeidiges Papier benötigt, das die Druckfarbe aus den Näpfchen schnell aufnehmen kann. Für den Rotationsdruck ist Reiß- und Zugfestigkeit notwendig.

Dünndruckpapier. Dünndruckpapier ist ein holzfreies Papier zwischen 20 und 40 g/m² für den Druck von Nachschlagewerken oder umfangreichen Büchern wie Klassikerausgaben. Für den Druck wird Festigkeit verlangt, auch darf es nicht zu sehr durchscheinen. Festigkeit ist auch deshalb notwendig, damit es beim Blättern im damit hergestellten Buch nicht einreißt.

Spezialpapier. Darunter können Papiere zusammengefaßt werden, die für den Verwendungszweck ganz bestimmte Eigenschaften haben müssen. *Schreibpapiere* verlangen Tintenfestigkeit, sie sind daher oberflächengeleimt und haben eine glatte Oberfläche. In der Regel sind sie holzfrei hergestellt. *Transparentpapiere* müssen besonders reißfest sein und dürfen beim Beschreiben mit Tinte oder Faserstift nicht auslaufen. Für *Wertpapiere* und *Urkunden* wird Papier von bester Qualität benötigt. Häufig wird daher Papier verwendet, das aus Baumwoll-, Woll- oder Leinenhadern hergestellt wird.

Papiermaße

Papiergrößen werden nach *DIN-Formaten* eingeteilt:

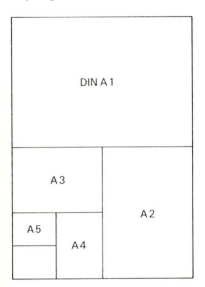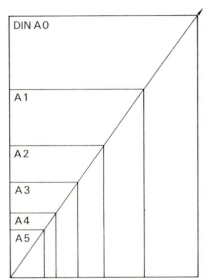

Klasse	Reihe A	Reihe B	Reihe C
0	841 × 1189	1000 × 1414	917 × 1297
1	594 × 841	707 × 1000	648 × 917
2	420 × 594	500 × 707	458 × 648
3	297 × 420	353 × 500	324 × 458
4	210 × 297	250 × 353	229 × 324
5	148 × 210	176 × 250	162 × 229
6	105 × 148	125 × 176	114 × 162
7	74 × 105	88 × 125	81 × 114
8	52 × 74	62 × 88	57 × 81

(Maße in mm)

Jede Teilung nach DIN ergibt die nächst kleinere Größe mit gleicher Diagonale.

Für den Auflagendruck richten sich die Maße des zu bestellenden Papiers nach der Maschinenklasse der Druckmaschine.

Karton und Pappe

Karton, einlagig oder mehrlagig, ist stärker als Papier und liegt zwischen 120 und 600 g/m^2. Er wird hauptsächlich für Broschurenumschläge und Verpackungen eingesetzt. Pappen liegen über 600 g/m^2. Mehrlagige Maschinenpappe in der Stärke zwischen 1,4 und 2 mm dient zur Buchdeckenherstellung.

Einseitig gestrichener Karton wird *Chromokarton* genannt. Er kann für Broschurumschläge oder für die Herstellung von Verpackungen wie Schuber oder Kassetten verwendet werden. Für den gleichen Verwendungszweck eignen sich auch glatte oder geprägte *kunststoffbeschichtete Kartonsorten* (z. B. »Efalin«). Sie sind widerstandsfähig und weitgehend knickfest.

Maschine zur Herstellung von Pappen

Alterungsbeständigkeit

Das in holzhaltigen Papieren enthaltene Lignin läßt das Papier unter Lichteinfluß rasch zerfallen. Holzhaltiges und aus Sekundärfasern hergestelltes Papier ist nicht alterungsbeständig. Grafische Papiere sind deswegen überwiegend holzfrei und werden *säurefrei* hergestellt, d. h. man löst Harze und Lignin aus dem Holz nicht mit Hilfe von saurem Sulfit heraus, sondern mit anderen, nichtsauren Chemikalien. Die neutrale Leimung verhindert den Zerfall des Papiers von innen heraus unter Einwirkung verschmutzter Luft.

Papier darf »alterungsbeständig« genannt werden, wenn eine Lebensdauer von mindestens 100 Jahren unter sachgerechten Lagerbedingungen garantiert werden kann.

Anhang

Berufsstände · Ausbildung · Forschung

Die Verbände der Druckindustrie

Bundesverband Druck
Im Bundesverband Druck sind die Landesverbände der Druckindustrie Mitglieder. Der Bundesverband Druck schließt mit der Industriegewerkschaft Medien und mit der Deutschen Angestellten-Gewerkschaft die Tarifverträge für Lohn und Gehalt und die Manteltarifverträge ab.

Der Bundesverband Druck hat folgende Abteilungen:

- Sozialpolitik
- Wirtschaftspolitik
- Bildungspolitik
- Betriebswirtschaft
- Recht
- Öffentlichkeitsarbeit
- Technik und Forschung mit den Fachbereichen:
  – Satzherstellung
  – Flexographie
  – Reproduktionstechnik
  – Hochdruck
  – Flachdruck
  – Kleinoffsetdruck
  – Tiefdruck
  – Siebdruck
  – Zeitung
  – Endlosformulardruck
  – Druckweiterverarbeitung
  – Umweltschutz/ Betriebstechnik

Bundesverband Druck e.V.
Biebricher Allee 79
Postfach 1869
65187 Wiesbaden

Landesverbände
Die Landesverbände der Druckindustrie vertreten und beraten die Betriebe im regionalen Bereich auf folgenden Gebieten: Sozialpolitik, Betriebswirtschaft, Aus- und Weiterbildung, Organisation, Technik. Sie verfügen in ihren Archiven über viele Informationen der Druckindustrie: wirtschaftliche Daten, Prognosen, Statistiken, Kennzahlen, juristische Bestimmungen und Entscheidungen, Angaben über Personal, über Kosten, Normen usw. Auskünfte, die über den Rahmen dieses Buches hinausgehen, sind dort erhältlich.

Verband der Druckindustrie in Baden-Württemberg e.V.
Postfach 3132
73751 Ostfildern
Telefon (0711) 454081-86
Telefax (0711) 457 04 57

Verband der Bayerischen Druckindustrie e.V.
Postfach 4019 29
80719 München
Telefon (089) 399061
Telefax (089) 3401395

Verband der Druckindustrie Berlin-Brandenburg e.V.
Schaperstraße 29
10719 Berlin
Telefon (030) 2187063
Telefax (030) 2135758

Landesverband Druck Bremen e.V.
Bremer Industriehaus
Postfach 100727
28007 Bremen
Telefon (0421) 368020
Telefax (0421) 3680249

Landesverband Druck Hessen e.V.
Postfach 180346
60084 Frankfurt am Main
Telefon (069) 590217
Telefax (069) 559158

Verband der Druckindustrie Niedersachsen e.V.
Bödekerstraße 10
30161 Hannover
Telefon (0511) 338060
Telefax (0511) 3380620

Verband der Druckindustrie Nord e.V.
Palmaille 98
22767 Hamburg
Telefon (040) 382036
Telefax (040) 387546

Verband der Druckindustrie Nordrhein e.V.
Postfach 240247
40091 Düsseldorf
Telefon (0211) 353731
Telefax (0211) 161569

Landesverband Druck Rheinland-Pfalz und Saarland e.V.
Postfach 101062
67410 Neustadt/Weinstraße
Telefon (06321) 852275
Telefax (06321) 852216

Verband der
Druckindustrie
Sachsen, Thüringen,
Sachsen-Anhalt e. V.
Gerichtsweg 10
04103 Leipzig
Telefon (03 41) 27 18 27

Verband Papierver-
arbeitung und
Druck Südbaden e. V.
Postfach 16 69
79016 Freiburg
Telefon (07 61) 7 80 71- 73
Telefax (07 61) 7 70 14

Verband der Druck-
industrie Westfalen-
Lippe e. V.
Postfach 21 40
44511 Lünen
Telefon (0 23 06) 20 26 20
Telefax (0 23 06) 20 26 99

Gewerkschaft

Die Industriegewerkschaft Medien vereint die ehemaligen Mitglieder der Industriegewerkschaft Druck und Papier und der Verbände der Gewerkschaft Kunst in neun berufsbezogenen Fachgruppen: Druckindustrie und Zeitungsverlage, Papier- und Kunststoffverarbeitung, Rundfunk/Film/Audiovisuelle Medien (RFFU), Journalismus (dju/SWJV), Literatur (VS), Bildende Kunst (BGBK/SBK), Darstellende Kunst (IAL/Theater), Musik (DMV/GDMK), Verlage und Agenturen.

Für die Druckindustrie schließt sie mit dem Bundesverband Druck e. V. die Tarifverträge für Lohn und Gehalt ab, ferner die Manteltarifverträge für Arbeitsbedingungen, Urlaub, Arbeitszeit, Fragen der Maschinenbesetzungen u. ä. Gemeinsam mit dem Arbeitgeberverband werden die Ausbildungsbedingungen für die Druckindustrie festgelegt.
Auch die berufliche Weiterbildung durch Kurse, Vortragsserien und Literatur gehört zu den Aufgaben der IG Medien.

Industriegewerkschaft
Medien
Fachgruppe Druck-
industrie
und Verlage
Friedrichstraße 15
70174 Stuttgart
Telefon (07 11) 2 91 80

Soweit es sich um die tarifliche Regelung der Gehälter und sonstigen Arbeitsbedingungen für technische und kaufmännische Angestellte handelt, ist auch die Deutsche Angestellten-Gewerkschaft (DAG) Tarifvertragspartner.

Ausbildungswege und Ausbildungsberufe in der Druckindustrie

Der Zentral-Fachausschuß für die Druckindustrie arbeitet seit 1991 an einer Neuordnung der »Berufe vor dem Druck«. Seit 1987 ist eine neue Ausbildungsordnung in Kraft, die aber in Teilen verändert werden soll.
Die Gründe für eine Revision der bestehenden Ausbildungspläne ergeben sich aus dem beschleunigten Wandel der Produktionstechniken und dem Entstehen neuer Tätigkeitsstrukturen, die über die bisher üblichen Grenzen zwischen den traditionellen Ausbildungsberufen hinausgreifen. Auch versucht man, eine größere Flexibilität in der Ausbildung zu erreichen, indem man z. B. nicht mehr nur verfahrenstechnisch bestimmte Fertigkeiten vermittelt, sondern die Rahmenpläne an komplexen beruflichen Aufgabenstellungen orientiert.
Wer auf eine fundierte, breit angelegte Berufsausbildung und auf eine qualifizierte, abwechslungsreiche Tätigkeit Wert legt, findet in der Druckindustrie vielseitige Möglichkeiten.
Die Produktion der »gedruckten Kommunikationsmittel« wie Kataloge, Bücher, Zeitungen, Plakate oder Verpackungen bietet jungen Menschen mit einem Hauptschulabschluß ebenso wie dem Realschüler oder dem Abiturienten interessante Berufschancen.
Individuelle Auskunft oder genaue Informationen über bestimmte Berufswege,

Anforderungen und Chancen erhalten Interessenten über die auf Seite 196 f. angegebenen Verbände der Druckindustrie oder die jeweiligen Ausbildungsstätten.
Für die umfassende Berufsausbildung sorgen die »überbetrieblichen Ausbildungseinrichtungen«. In zwei bis vier Wochenkursen erhalten Auszubildende zur Ergänzung der betrieblichen Ausbildung gezielte Grund- und Fachkenntnisse vermittelt. Bestehende überbetriebliche Einrichtungen sind auf Seite 200 aufgeführt.
Für die berufliche Weiter- und Fortbildung, also die Ausbildung in speziellen Bereichen, zum Meister oder zum Techniker, bietet sich der Besuch von Fach-

hochschulen und Techniker-Schulen (siehe Seite 199ff.) an. Voraussetzung dafür ist das Abitur bzw. eine solide Ausbildung zum Facharbeiter.

Schließlich bietet die Druckindustrie interessierten Arbeitnehmern zahlreiche betriebsinterne Umschulungsmöglichkeiten oder die Einarbeitung in spezielle Aufgaben, z. B. als Auftragssachbearbeiter o. ä. Dabei sind die speziellen betrieblichen Gegebenheiten natürlich ausschlaggebend. Ferner können auch Umschulungen von berufsfremden Arbeitnehmern durchgeführt werden.

Eine weitere Möglichkeit bietet ein Lehrgang in einem der Umschulungszentren mit einer anschließenden betrieblichen Ausbildung. Dieses Ziel kann auch in einer zweijährigen Umschulungszeit im Umschulungszentrum für Druck- und Reprotechnik in Biberach an der Riß in bestimmten Berufen erreicht werden. Eine Umschulung ist auch im Rahmen der Berufsausbildung (Schule – Betrieb) möglich.

Fortbildungs- und Weiterbildungsmöglichkeiten in der Druckindustrie

Meisterprüfungen

Industriemeister
Facharbeiterprüfung und mindestens 3 Jahre praktische Tätigkeit im Ausbildungsberuf sind Zulassungsvoraussetzungen. Die Prüfung ist vor einer Industrie- und Handelskammer abzulegen. Die Kenntnisse für die Prüfung als Industriemeister werden in Teilzeit-Vorbereitungslehrgängen vermittelt, die von Berufsbildungswerken, Organisationen der Druckindustrie oder Kammern durchgeführt werden. Ferner können Interessenten sich in einjährigen Vollzeitkursen das technisch-praktische, fachtheoretische, betriebswirtschaftliche und pädagogische Wissen zur Vorbereitung für die Industriemeister- bzw. handwerkliche Meisterprüfung einschließlich REFA-Grundausbildung aneignen. Durchgeführt werden solche Kurse im Hauchler-Studio. Für Buchbinder in München.

Nähere Informationen über Meisterprüfungen gibt der

Bundesverband Druck
Abt. Bildungspolitik
Postfach 1869
65187 Wiesbaden

Über Kurse im Hauchler-Studio erteilt Auskunft:

Hauchler-Studio GmbH & Co.
Karl-Müller-Straße 6
88400 Biberach an der Riß

Meister im Handwerk
Mit Absolvierung der handwerklichen Meisterprüfung ist auch die selbständige Führung eines Handwerksbetriebes einschließlich der Ausbildungsberechtigung gegeben. Zur Prüfung wird zugelassen, wer eine Facharbeiter- oder Gesellenprüfung abgelegt hat und eine mehrjährige Tätigkeit nachweisen kann oder zur Anleitung von Auszubildenden befugt ist.
Auskünfte über Meister-Prüfungsausschüsse können ebenfalls beim Bundesverband Druck, Abt. Bildungspolitik, und bei den Landesverbänden angefordert werden.

Für Buchbinder an der Meisterschule für Buchbinder in München:

Städtisches Berufsbildungszentrum für Druck, Grafik und Fotografie
Pranckhstraße 2
80335 München

Drucktechniker (staatl. geprüft)
Im Rahmen des Studiums wird ein breit gefächerter Wissensstoff über die Druck- und Reproduktionstechnik einschließlich Wirtschafts- und Sozialkunde erlernt.
Die Technikerausbildung ist eine in sich geschlossene Ausbildung. Zugelassen werden Facharbeiter, die einen Hauptschulabschluß und eine abgeschlossene Berufsausbildung in der Druckindustrie sowie mindestens zwei Facharbeiterjahre nachweisen können. Als Vorbereitung für die Prüfung bietet die Teilnahme am Fernlehrgang des Bundesverbandes Druck »Berufsförderung in der Druckindustrie« eine empfehlenswerte Unterstützung.
Nach einem Studium, in der Regel von vier Semestern in Vollzeitschulen, erhält der Absolvent ein staatlich anerkanntes Technikerdiplom.
Nach einem besonderen Lehrgang kann die Ausbildungsberechtigung erworben werden.

Anmeldungen sind zu richten an:

Anhang 199

**Carl-Severing-Schule
Bielefeld**
Städt. Berufsschule für
gestaltende Berufe und
Fachoberschule
Heeper Straße 85
33607 Bielefeld

**Albrecht-Dürer-Schule
Fachschule für
Drucktechnik**
Fürstenwall 100
40217 Düsseldorf

**Teilzeit-Technikerschule
der Fachrichtung
Drucktechnik
an der Gutenbergschule**
Hamburger Allee 23
60486 Frankfurt

Fachschule für Drucktechnik
Gutenbergplatz 2–4
04103 Leipzig

**Städtisches
Berufsbildungszentrum
für Druck, Grafik und
Fotografie**
Pranckhstraße 2
80335 München

**Rudolf-Diesel-Fachschule
(Berufliche Schule 9)**
Äußere Bayreuther Str. 8
90409 Nürnberg

**Gewerbliche Schule
Ravensburg
Fachschule für
Drucktechnik**
Gartenstraße 128
88212 Ravensburg

**Johannes-Gutenberg-
Schule
Gewerbliche Berufs- und
Fachschule für Druck**
Rostocker Straße 25
70376 Stuttgart
(Bad Cannstatt)

*Diplom-Ingenieur (FH)
Druckereitechnik*
Dieses Fachstudium bietet
verschiedene Regelstudiengänge (siehe Hinweis
bei den einzelnen Fachhochschulen). Je nach Studiengang vermittelt diese
Ausbildung ein fundiertes
Fachwissen für die Bewältigung verschiedener Führungspositionen in Großbetrieben der Druckindustrie,
Werbeagenturen sowie im
Verlags- und Pressewesen.
Die Voraussetzungen (Abitur, Fachhochschulreife)
und die Studiendauer sind
bei den einzelnen Fachhochschulen unterschiedlich geregelt.
Der Abschluß »Diplom-Ingenieur« schließt auch die
allgemeine Hochschulreife
ein.

Studiengänge sind möglich
an:

**Hochschule für Technik,
Wirtschaft und Kultur
Leipzig (FH)**
Fachbereich Polygrafische Technik
Gutenbergplatz 6–8
04103 Leipzig

**Fachhochschule
München**
Fachbereich 05
Lothstraße 34
80335 München
Studiengang Druckereitechnik

**Staatl. Fachhochschule
für Druck Stuttgart**
Nobelstraße 10
70569 Stuttgart
Fachrichtungen:
Verfahrenstechnik
Druck oder Verfahrenstechnik
Verpackung oder Fertigungstechnik mit Betriebswirtschaft oder Industriewirtschaft Druck

**Gesamthochschule
Wuppertal**
Fachrichtung
Druckereitechnik
Haspeler Straße 27
42285 Wuppertal-Barmen
Fachrichtungen:
Schwerpunkt Produktionstechnik oder Schwerpunkt
Produktionsorganisation
und Betriebswirtschaft
oder Schwerpunkt
Werbung und Verlag

*Fachkaufmännische
Fortbildung*
In Lehrgängen und Seminaren können Facharbeiter ihr technisches Wissen
mit betriebswirtschaftlichen und kaufmännischen
Kenntnissen ergänzen.
Vorausgesetzt werden außer der Facharbeiterprüfung zwei Berufsjahre.

Veranstalter:

**Staatliche Fachschule
für Druck und
Reproduktionstechnik**
Steinhauerdamm 4
22087 Hamburg

**Hauchler-Studio
GmbH & Co.**
Karl-Müller-Straße 6
88400 Biberach an der Riß

*Fernlehrgang
»Berufsförderung in der
Druckindustrie«*
Dieser Lehrgang hat das
Ziel allgemeiner Facharbeiter-Fortbildung, wobei
die bereits vorhandenen
Kenntnisse aufgefrischt
und ergänzt werden.
Gleichzeitig stellt dieser
Fernlehrgang eine gute
Grundlage zur Vorbereitung auf das Technikerstudium dar.

Veranstalter:

**Bundesverband
Druck e. V.**
Fernlehrgang
Postfach 18 69
65187 Wiesbaden

*Einarbeitung in
besondere Fachgebiete*
Nicht nur im Betrieb, sondern auch in Lehrgängen
hat der Facharbeiter die
Möglichkeit, sich in bestimmte Fachgebiete einzuarbeiten. Ebenso werden die REFA-Lehrgänge angeboten.

Nähere Auskünfte
erteilen:

**Verband der Bayerischen
Druckindustrie e. V.**
Postfach 40 19 29
80719 München

Anhang

Bildungswerk der
Druckindustrie e. V.
Zeppelinstraße 39
73760 Ostfildern (Kemnat)

Städtisches
Berufsbildungszentrum
für Druck, Grafik und
Fotografie
Pranckhstraße 2
80335 München

Der REFA-Fachausschuß
Druckindustrie
Gailingsweg 9
63456 Hanau

Überbetriebliche Ausbildungseinrichtungen
Diese zur Unterstützung der betrieblichen Ausbildung konzipierten Einrichtungen bestehen z. Z. bei folgenden Verbänden:

Verband der Druckindustrie in
Baden-Württemberg e. V.

Verband der Bayerischen
Druckindustrie e. V.

Landesverband Druck
Hessen e. V.

Verband der
Druckindustrie
Niedersachsen e. V.

Verband der
Druckindustrie Nord

Verband der
Druckindustrie
Nordrhein e. V.

Verband der
Druckindustrie
Westfalen-Lippe e. V.

*Ausbildung für
Behinderte*
In den Berufsbildungswerken in Bayern und Nordrhein-Westfalen werden jugendliche Hör- und Sprachgeschädigte für Berufe in der Druckindustrie ausgebildet.

Berufsbildungswerk
München für Hör- und
Sprachgeschädigte des
Bezirkes Oberbayern
Musenbergstraße 30
81929 München

Das Berufsförderungswerk Bad Pyrmont schult Körperbehinderte in drucktechnische Berufe um:

Berufsförderungswerk
Bad Pyrmont, Abt. III
Winzenbergstraße 43
31812 Bad Pyrmont

Forschung und Rationalisierung

Die Druckindustrie verfügt über ein Forschungsinstitut. Hier wird Grundlagenforschung und praxisnahe Entwicklungsarbeit für laufende und neue Reproduktions- und Druckverfahren betrieben. Auch Gutachten und Untersuchungen über spezielle Fragen des Druckens werden bearbeitet; eine Dokumentation über technische und wissenschaftliche Fragen der Branche wird geführt.

FOGRA
Deutsche Forschungsgesellschaft für Druck- und Reproduktionstechnik e. V.
Streitfeldstraße 19
81673 München

Neben der »Fogra« gibt es ein Institut, das betriebswirtschaftliche Grundlagen und Verfahren zur Rationalisierung in der Druckindustrie (Methoden, Arbeitsstudien und Modelle) erarbeitet.
Das IRD stellt den Betrieben theoretisches Arbeitsmaterial als Hintergrund für ihre praktische Arbeit zur Verfügung.

IRD
Institut für
Rationalisierung in der
Druckindustrie e. V.
Paul-Ehrlich-Str. 26
60596 Frankfurt/Main

Weitere Forschungsinstitute in Auswahl:

IFRA
INCA-FIEJ Research
Association
Washingtonplatz 1
64287 Darmstadt
(Forschung für die
Zeitungsindustrie)

Institut für
Zeitungsforschung
Dortmund
Haus der Bibliotheken
Hansaplatz
44137 Dortmund

Papiertechnische
Stiftung für Forschung
und Ausbildung in
Papiererzeugung und
Papierverarbeitung
Loristraße 19
80335 München

Versuchsanstalt an der
Fachhochschule für
Druck
Seidenstraße 43
70174 Stuttgart

Anhang 201

In der Druckindustrie wird die Ausbildung neu geordnet.
Seit 1993 gibt es folgende Ausbildungsberufe und Ausbildungswege:

Quelle: Bundesverband Druck

Gewerblich-technische und kaufmännische Ausbildungsberufe	1. Ausbildungsjahr Berufliche Grundausbildung	2. Ausbildungsjahr Berufliche Fachbildung	3. Ausbildungsjahr Berufliche Fachbildung
Reproduktioner/in	Berufliche Grundbildung mit zum Teil gleichen Ausbildungsinhalten für Reproduktioner, Typografen und Flexografen		Fachrichtung −Reproduktionstechnik −Druckformtechnik
Typograf/in			Fachrichtung −Systemtechnik −Montagetechnik
Flexograf/in Stempelmacher/in			Stempel- und Flexplattenherstellung
Drucker/in	Berufliche Grundbildung in unterschiedlichen Produktbereichen, Maschinenarten und Druckverfahren	Berufliche Fachbildung in unterschiedlichen Produktbereichen, Maschinenarten und Druckverfahren	Druckformherstellung Druckformbearbeitung Weiteres Druckverfahren
Siebdrucker/in			Siebdruck
Reprograf/in			Fachrichtung − Reprografie − Mikrografie
Buchbinder/in			Fachrichtung − Einzelfertigung − Serienfertigung
Verpackungsmittelmechaniker/in			Verpackungsmittelherstellung
Industriekaufmann/frau			Druckindustrie
Verlagskaufmann/frau			Fachrichtung − Zeitungs- und Zeitschriftenverlag − Buchverlag
Bürokaufmann/frau			Industrie/Handwerk

Literaturverzeichnis

Hubert Blana: Die Herstellung. Ein Handbuch für die Gestaltung, Technik und Kalkulation von Buch, Zeitschrift und Zeitung. K.G. Saur Verlag, München 1993
Deutscher Drucker: H. 13/1986, H. 16/1993, H. 36/1993, H. 40/1993
Form und Technik, Beilage der Zeitschrift »Forum«, Mitgliederzeitschrift der IG Medien: H. 1/1992
Göttsching, Lothar (Hrsg.): Papier in unserer Welt. Ein Handbuch. Econ Verlag, Düsseldorf 1990
Offset-Praxis: H. 12/1993
Rudolf Schmidbauer: Elektronische Text- und Bildverarbeitung. Fachbegriffe. Verlag Beruf + Schule, Itzehoe 1986
Erhardt D. Stiebner (Hrsg.): Bruckmann's Handbuch der Drucktechnik. Bruckmann Verlag, München 1992
Erhardt D. Stiebner/Walter Leonhard: Bruckmann's Handbuch der Schrift. Bruckmann Verlag, München 1992
Erhardt D. Stiebner/Helmut Huber/Heribert Zahn: Schriften + Zeichen. Ein Schriftmusterbuch. Bruckmann Verlag, München 1993
Wolfgang Walenski: Lexikon des Offsetdrucks. Verlag Beruf + Schule, Itzehoe 1993
Victor Zimmermann: Praktische Winke für den Umgang mit Satz und Schrift. Hrsg von der Stempel AG, Frankfurt am Main o. J.

Abbildungsnachweis

(Die Ziffern verweisen auf die Seitenzahlen)

Agfa Gevaert AG, Leverkusen (»Stars & Stripes«): 49 unten, 50
Bayerisches Nationalmuseum, München (Bildarchiv Bruckmann Verlag): 77, 80 unten
Blana, Hubert: Die Herstellung. K.G. Saur Verlag, München: 12 Mitte, 36, 38 unten, 39 unten, 41 oben, 44, 47, 53, 54, 58 oben, 59, 69, 118, 150, 155, 156 oben, 168, 170 oben, 171 oben, 176 oben, 177, 178 unten, 184 oben und unten, 185 oben, 190 oben, 193
Archiv Blana: 45 oben, 49 oben, 51, 58 unten, 114, 115, 116
Bildarchiv Bruckmann Verlag: 71, 72, 79, 81
Crosfield Electronics GmbH, Eschborn (»Studio-Variationen«): 99, 101, 103, 105 oben und unten
Deutscher Drucker, H.13/1986: 158; H. 16/1993: 172 unten; H. 36/1993: 143 oben; H. 40/1993: 96 oben und unten
DuPont de Nemours (Deutschland) GmbH, Bad Homburg (»Cromalin« und »Cromalin Euro Sprint«): 106 oben und unten, 107
Form und Technik 1/1992, Beilage der Zeitschrift »Forum«, Mitgliederzeitschrift der IG Medien: 129
Göttsching, Lothar: Papier in unserer Welt. Econ Verlag, Düsseldorf: 182 (Basler Papiermühle); 187 (Verband Deutscher Papierfabriken); 189 unten (Sulzer-Escher Wyss GmbH, Ravensburg)
C.D. Haupt Papier- und Pappenfabrik, Diemelstadt-Wrexen: 194/195
Heidelberger Druckmaschinen AG, Heidelberg: 131, 137
Koenig & Bauer-Albert, Würzburg: 122 unten
Linotype AG, Eschborn (»Linotype Library, Spaß am Gestalten«): 29
MAN Roland Druckmaschinen AG, Offenbach am Main: 132 oben und unten, 133 oben und unten, 141 oben und Mitte
Müller Martini Marketing AG, Zofingen: 142
Museum für Kunst und Gewerbe, Hamburg (Bildarchiv Bruckmann Verlag): 68
Offset-Praxis, H. 12/1993: 48 oben und unten
Optigraf AG, Lugano: 169 oben und unten
Posch/Pogoda: Computer & Design. Bruckmann Verlag, München: 67 (Evelyn Moll, Tatjana Lasch, Bielefeld)
Schmidbauer, Rudolf: Elektronische Text- und Bildverarbeitung. Verlag Beruf + Schule, Itzehoe: 70 unten
Stiebner, Erhardt D.: Bruckmann's Handbuch der Drucktechnik. Bruckmann Verlag, München: 19 unten, 24, 32, 33, 34, 38 oben, 40 unten, 43, 46, 52, 55 oben und unten, 56 oben und unten, 57, 60/61, 65 oben, 66 oben und unten, 80 oben, 82, 84 oben und unten, 85, 87, 88/89, 90/91, 91 oben und unten, 94, 95, 97, 98 oben und unten, 100, 102, 108, 109, 112, 113, 119 oben und unten, 120/121, 120 oben, 122 oben, 123, 125, 126 oben und unten, 127 oben und unten, 128, 130 oben, 134 oben und unten, 136 (alle Abbildungen), 139 oben und unten, 143 unten, 146, 147 oben und unten, 149 oben und unten, 151, 152 oben und unten, 153, 154 oben und unten, 156 unten, 162, 166 unten, 167 oben und unten, 170 unten, 172 oben, 173 oben und unten, 174 oben und unten, 175, 176 unten, 178 oben, 179, 186, 188 unten, 189 oben rechts, 190 unten, 191 oben
Stiebner, Erhardt D./Leonhard, Walter: Bruckmann's Handbuch der Schrift. Bruckmann Verlag, München: 12 unten, 13, 14, 15, 16 oben und unten, 17 oben und unten, 18 (alle Abbildungen), 19 oben, 20 oben und unten, 22, 23, 25, 26, 27, 28
Stiebner/Huber/Zahn: Schriften + Zeichen. Bruckmann Verlag, München: 20 Mitte
Stiebner/Zahn/Meusburger: Drucktechnik heute. Bruckmann Verlag, München: 21 oben, 31, 32, 39 oben, 40 oben, 45 unten, 65 unten, 70 oben, 73, 74, 75 oben und unten, 76 oben und unten, 83, 86, 92, 93, 117, 124, 130 unten, 135 oben und unten, 138 oben, 141 unten, 144, 171 unten
Stora Feldmühle AG, Düsseldorf (»Vom Papier Aktuell«): 183
Svecia Screen Printing Systems, Norsborg: 157
Verband Deutscher Papierfabriken, Bonn: 185 unten (»Recycling, Papier im Kreislauf«); 188 oben, 188 Mitte, 189 unten, 191 unten (»So entsteht unser Papier«)
Walenski, Wolfgang: Lexikon des Offsetdrucks. Verlag Beruf + Schule, Itzehoe: 78, 90, 140 oben und unten, 145, 160, 161 oben und unten
Zimmermann, Victor: Praktische Winke für den Umgang mit Satz und Schrift. Hrsg. von der Stempel AG, Frankfurt am Main: 21 unten.

Register

(Unter den halbfetten Seitenzahlen sind die jeweiligen Begriffe ausführlicher behandelt.)

Airbrush-Spritzung 104
Akzente **20**
Alterungsbeständigkeit des Papiers 182, 187, **195**
Altpapier 181, 183, **185**
Andruckform 104
Ästhetikprogramm 26, 46
Aufheller, optische 186
Aufschlagverhalten 175
Ausschießen **113**
Ausschießschema **114**, 115, 116, **117**, 167
Ausschließprogramm 46
Auszeichnung **24**, 37, 41, 44
Autorkorrektur 34

Belichterauslösung 50
Bildausschnitt 69, **71, 72**
Bilddatenspeicherung 63
Bildgröße 69
Bildmanipulation 100, **102, 103**
Bildunterschrift (Legende) 27, 29, 51
Bildwerke, textbetonte 27
Bit-Erkennung 40
Bleiletter 31
Bleisatz 11, 16
Blockheftung, seitliche **171**, 175
Blocksatz **25**, 44 f.
Bogensignatur 148
Breitbahn **190**
Buchdecke **176**, 177
Business Graphics **46**
Büttenpapier **182**, 186

Chromokarton 194
Cold-set-Farben 163
Color Publishing 43, 140
Compact-Disc 33, 59
Computer Integrated Producing **132**
Computer Publishing 43
Computer-to-plate 33, 57, **128**, 129, 137
Computer-to-press 57
Computergrafik **47, 48**

Datei 37
Datenmehrfachnutzung 52, **61**
De-Inking 163, **185**, 186
Deckenbandstraße **178**
Dehnrichtung 190
Dialogsprache (Retrivalsprache) 42
Dichteumfang 68, 90
Dickte 26
DIN-Norm 16518 2, **13**
Direct Imaging **129**
Direct-to-plate **128**, 129
Direktrasterung **75**
Diskette (Datenträger) 35, 37, 41
Dispersionskleber **171**
Dispersionslack **159**, 161
dpi (dot per inch) **49,** 54 f., 129
Drahtkamm-Bindemaschine 174
Druckbogen 115, 168
Druckformenherstellung **126**
Druckformenmontage **113, 125**, 126
Druckhilfsmittel 162 f.
Druckwerke, bildbetonte 27
DTP-Arbeitsweise **44**
DTP-System 14, 31, 33, 35, 37, 38, 40 f., **43**, 44, 70, 94, 101

EAN-Code 178 f.
Echtfarbenbildschirm **108**
EDV-Arbeitsplatz **38**
Einzug 25, 37
Elektronische Montage **51, 52**
Entwicklungsmaschine 55, **56,** 92, **128**
Erden, mineralische 186
Erfassungsregeln 37

Fadenheftmaschine **173**
Fadensiegeln 173
Faksimile 145
Falzautomat 167
Falzbogen 168
Falze 176, 177
Falzkleber **140**
Falzmarken 125 f., 148
Falztrichter **140**
Farbauszugsfilter **89**, 94, **95**
Farbdichte 132
Farben, reine 81
Farbfolienprägung 177
Farbkataloge 48, 81, 163
Farbkorrektur 97 f., **99**
Farbmischung, additive 83, **84**
–, subtraktive **84**, 85
Farbpigmente 161

Farbskala **89**
Farbsteuer- und Farbregelanlagen **132**, 151
Farbwahrnehmung, menschliche **83**
Filmmaterial, orthochromatisches 93
Filmmontage **32,** 52
Flachbettscanner **40**, 41 f.
Flattermarken 125, **168**
Flattersatz **25**, 44
Fliegendes Blatt **176**, 177
Flotationsverfahren 185
Folienkaschierung **159**
Folienprägung 159
Folienschweißung 179
FR-Bindesystem **172**
Farbrücknahme, polychromatische 86
Freistellung 104
Füllstoffe 186
Fußnote 51, 28

Ganzzeug 187
Gaze **177**
Gemeine 17
Gestaltungsbildschirm 52
Glanz- und Mattlack 161
Gold- und Silberdruckfarben 163
Goldschnitt 177
Graukeil 148
Grüner Punkt 178
Guillochen 153

Halbtonfilm **65**
Halbtonvorlage **36, 64,** 66 f.
Hardcover 176
Heat-set-Farben 163
Heißfolienprägung 120
Heißsiegelverfahren 158
Helium-Neon-Laser 54
Hieroglyphen 12
HKS-Fächer **81**
Hochdruck-Bogendruckmaschine **119**
Hochdruck-Rotationsmaschine **118, 119**, 120
Holzschnitt 118
Hotmelt-Schmelzkleber **171**
Hülse **177**

Illustrationspapier 190
Indirektrasterung **75**
Irisdruck 137
ISBN 178 f.

Kalander **191**
Kapitalband 176, **177**
Kapitälchen 19, **24**
Karton 184

Anhang 205

Kartonumschlag 171, 175
Kassette 179, 194
Kassettenkopiermaschine **127**
Kastenbände 177
Keilschriften 12
Klebebindestraße **172**, 175
Kleinbildscanner 96
Kleinoffsetmaschinen 135
Kleinschriften **18**
Kolumnentitel, lebender 27, **28**
Kommunikationssystem zwischen DTP und EBV 100
Komplementärfarben 84, 86
Kontern 104
Kontrollstreifen **90, 91**, 104
Kopfschnitt 176, **177**
Kopiermaschine 126
Kornraster 77
Körperfarbe 84
Korrekturstation 100
Kreuzbruch 166, **167**
Kupferstich 146

Lackiereinrichtungen 161
Laminierverfahren 108
Lautzeichen **20**
Layout, skizziertes 70
Leimung, neutrale 193
Leinenband 176
Lesbarkeit **22,** 25, 27
Lesealter 22
Lesebändchen 177
Lesegewohnheit 22
Lesegrößen **18**
Lesezweck 22
Letterset **123**
Lichtechtheit **163**
Lignin 184 f., 195
Linienraster 77
Linotype **31**
Lithographie 124
Lösungsmittel 123, 146, 151, 161
LWC-Papier 192

Mahlung **186**
Maschinenklassen 115, 193
– für Flachdruckmaschinen **134**
Maschinenpappe 194
Maskierung 99, 102
Massendatenspeicher 104
Maßsystem, typografisches **16**
Matrixdrucker 38, **39**

Mittelachse 24, **25**, 28
Modem **41**
Moiré **76, 77**
Monotype 31, **32**
Montage, elektronische 70

Naß-in-Naß-Druck 135
Naturschnitt 177
Negativfilm 74
Negativkopie 125
Nutzen 116
Nyloprint 120

Oberflächenveredelung **160**
Offsetdruckplatten 128, **130**
Offsetpapier 192
Öldrucklack 161
Online-Bindeverfahren 165, 168
Opazität 187
Optikontrollsystem 168, **169**
OCR-Programm 41

Pantonefächer 81
Paperback 175
Papier, gestrichenes 171, 190, 192
–, holzfreies 185
–, holzhaltiges 184
–, maschinenglattes 187, 192
–, oberflächengeleimtes 192
–, satiniertes 148, 190, 192
–, säurefreies 195
–, tintenfestes 191 ff.
Papierbahnspannung 141
Papiergewicht 187
Papiermaschine **187**, 186, 189
Papieroberfläche 191
Pappband 176, **177**
Parallelfalz **166**
Passer 104, 129
Paßkreuze 64, 148
Piktogramme **20**
Pixel 42, 44, **49, 50**, 54, 99
Plastikklischee 123
Plattenwechsel, fliegender **131**
Positivfilm 74
Positivkopie 125, **127**
Postscript **53, 54**
Primärfarben 83
Primärfasern 183, 186
Print-Roll-Pufferung 142
Print-Roll-Technik **142**
Protokollausdruck 37

Punkt, typografischer 16, **17**
PUR-Klebestoffe 172
PVC-Folie 175, 177 f.

Querschneider 189

Rakel 147
Raster 49, **50**, 69, 73, **74**, 75, 78 f., 97, 125 f., 190
Raster, technischer 78
Rasterelement (REL) **49, 50**
Rasterkeil **82**
Rasternetz, typografisches **29, 69**
Raumklima **134**
Rechenscheibe 71
Rechtschreibprogramm **46**
Refiner 186
Registerhaltung **133**, 140, **141**
Registermarken **141**, 148
Reißfestigkeit 192
Retusche 49, 101
RIP 43, **44**, 54
Rückenfälzel 172
Rückenschrenz 176
Runzelkorn **145**

Sammelhefter 168, **170**, 171
Satzanweisung 37
Satzspiegel 26, **27**
Satzsystem 14
Sauerstoffbleiche 185
Schablonenverfahren 154
Schleifverfahren, chemothermomechanisches 184
–, thermomechanisches 184
Schmalbahn **190**
Schnitt, goldener 26, **27**
Schöndruck 114, 116, 119 ff.
Schreibdisziplin 37
Schreibpapier 192
Schrift, halbfette und fette 19, **24**
–, kursive 14, **19, 24**
Schriftart **12**, 18, **19**, 20, 22
Schriftbilder **23**
Schriften, gebrochene 12
–, runde 12
Schriftfamilie 19
Schriftgarnitur **19**
Schriftgröße **16**, 17, 18, 22, 24, 26, 37
Schriftlinie **17**, 18

Schriftmodifikation **14**, **15**, 24
Schuber 179, 194
Schutzumschlag 176, **178**
Schwertfalz 166
Seitenmontage, elektronische **105**
Seitenzahl (Pagina) 24 f., 28
Sekundärfarben 83 f.
Sekundärfasern 183, 195
Serifen 12
Serigrafie 154
Siebdruckfarbe 163
Siebdruckform **156**
Siebpartie 187, **188**
Silbentrennprogramm **45**, 46
Silbentrennung 37
Skala 107
Sonderzeichen **20**
Spiegel **176**, 177
Stahlstich 153
Stege 26, 28, 113
Steindruck 124
Streichanlage **191**

Taschenfalz 166
Teleprocessing 42
Text-/Bildintegration 33
Textanordnung 44

Thermofoliendrucker 109
Tiefdruck-Kunststoffplatte 153
Tiefdruckfarbe 163
Tiefdruckzylinder **147**
– CTC-Gravur 148 f.
– Elektronenstrahlgravur 148 f., **150**
– -ätzung 147 f., 151
– -gravur 147 f.
Titelschildchen 177
Tonerverfahren (Cromalin) 106
Tonwertabstufungen 73 f., 78
Tonwertveränderung 65
Transferdruck 153
Transparentpapier 192
Trennfuge 45
Typograf 11, 37

Überschriften **18**, 44
Umschlagen 115, **116**
Umstülpen 115, **116**
Unterschneidung 53
UV-Farben 157
UV-Lack 161

Vergrößerungsgerät 92
Verkaufsverpackung 187

Verpackungsverordnung 178
Versalbuchstaben 17
Versalien 24, 26, 37
Vertikaltrommel-Scanner 96
Videokamera 42
Vierfarbdruck **83**
Volltonabbildung **36**
Volltonvorlagen **64**, 65 f.
Volumen 192
Vorsatz 172, **177**

Warenwirtschaftssystem **58**
Wasserzeichen 187
Weißschnitt 177
Wickelfalz **166**
Widerdruck 114, 116, 119 ff.
Worttrennung 25
Wortzwischenräume 25
WYSIWYG-Funktion **43**, 73

Zahlen **20**, 37
Zeilenanordnung 22
Zellstoff, gebleichter 185
Zickzackfalz (Leporellofalz) **166**
Zugfestigkeit 192
Zurichtung 119 f.

Bruckmanns Fachbuchreihe für gestaltende Berufe

In dieser Reihe sind bisher u.a. erschienen:

Erhardt D. Stiebner/
Helmut Huber
Alphabete/Alphabets
Ein Schriftatlas
von A bis Z
A Type Specimen Atlas
from A to Z
Text in Deutsch und
Englisch

Erhardt D. Stiebner/
Helmut Huber
Alphabete 2
Alphabets 2
Text in Deutsch und
Englisch

Erhardt D. Stiebner/
Helmut Huber/Heribert
Zahn
Schriften + Zeichen
Types + Symbols
Text in Deutsch und
Englisch

Erhardt D. Stiebner/
Dieter Urban
Initialen + Bildbuchstaben
Initials + Decorative Alphabets
Text in Deutsch und
Englisch

Erhardt D. Stiebner/
Dieter Urban
Illustrationsvorlagen
Picture Sourcebook
Text in Deutsch und
Englisch

Philipp Luidl/
Helmut Huber
Ornamente/
Ornaments
Text in Deutsch und
Englisch

Erhardt D. Stiebner/
Heribert Zahn
Anzeigen/
Advertisements
Text in Deutsch und
Englisch

Sylvia Wolf
Exlibris
1000 Beispiele aus
fünf Jahrhunderten
1000 Examples
From Five Centuries
Text in Deutsch und
Englisch

Erhardt D. Stiebner/
Heribert Zahn/Wilfried
Meusburger
Drucktechnik heute

Wilhelm Bleicher/
Jörg D. Stiebner
Handbuch der
modernen Druckgraphik

Erhardt D. Stiebner/
Dieter Urban
Zeichen + Signets
Signs + Emblems
Text in Deutsch und
Englisch

Erhardt D. Stiebner/
Dieter Urban
Zeichen + Signets 2
Signs + Emblems 2
Text in Deutsch und
Englisch

Sylvia Wolf
Briefbogen/
Letter Paper
Umschläge, Visitenkarten,
Grußkarten
Envelopes, Visiting Cards,
Greeting Cards
Text in Deutsch und
Englisch

Sylvia Wolf
Briefbogen 2
Letterpaper 2
Umschläge, Visitenkarten,
Geschäftspapiere
Envelopes, Visiting Cards,
Business Visuals
Text in Deutsch und
Englisch

Dieter Urban
Text-Design
Zur Gestaltung von Texten
für die bildliche Kommunikation

Angela & Andreas Hopf
Grußkarten
Greeting Cards
Text in Deutsch und
Englisch

Sylvia Wolf
Etiketten
Label Design
Text in Deutsch und
Englisch

Annemarie Verweyen
Vignetten
Vignettes
Text in Deutsch und
Englisch

Dieter Urban
Markenzeichen

Marc Posch/Kai Pogoda
Computer & Design
Signets, Corporate
Identities, Piktogramme,
Illustrationen
Emblems, Corporate
Identities, Pictograms,
Illustrations
Text in Deutsch und
Englisch

Michael Rau/
Rosemarie Kloos-Rau
Schreibschriften/
Script Types
Text in Deutsch und
Englisch

Die Reihe wird fortgesetzt.

Seit über 60 Jahren weltweit aktuell –
Over 60 years of latest news around the globe –

novum

Internationale
Monatszeitschrift für
Kommunikationsdesign

International
Monthly Journal for
Communications Design

novum gebrauchsgraphik erscheint jeden Monat
mit Texten in Deutsch und Englisch.
Umfang je Heft etwa 80 Seiten mit zahlreichen ein- und
mehrfarbigen Abbildungen.

novum gebrauchsgraphik is published monthly
in German and English.
Every issue includes about 80 pages with numerous illustrations
in black-and-white and color.

Postfach 200353
D-80003 München
Germany